Carl-Auer

Rolf Arnold

AGILE FÜHRUNG AUS GESCHICHTEN LERNEN

2021

Reihengestaltung und Satz: Nicola Graf, Freinsheim, www.nicola-graf.com
Umschlaggestaltung: Heinrich Eiermann
Umschlagfoto: © dream@do – stock.adobe.com
Redaktion: Dr. med. Nicola Offermanns
Printed in Poland
Druck und Bindung: Dimograf Sp.z.o.o.

MIX Papier aus verantwortungsvollen Quellen FSC® C018236 www.fsc.org

Klimaneutral Druckprodukt ClimatePartner.com/12995-2102-1001

Erste Auflage, 2021
ISBN 978-3-8497-0385-1 (Printausgabe)
ISBN 978-3-8497-8274-0 (ePUB)

Bibliografische Information der Deutschen Nationalbibliothek:
Die Deutsche Nationalbibliothek verzeichnet diese Publikation in der Deutschen Nationalbibliografie; detaillierte bibliografische Daten sind im Internet über http://dnb.d-nb.de abrufbar.

Informationen zu unserem gesamten Programm, unseren Autoren und zum Verlag finden Sie unter: **www.carl-auer.de**.

Wenn Sie Interesse an unseren monatlichen Nachrichten haben, können Sie dort auch den Newsletter abonnieren.

Carl-Auer Verlag GmbH
Vangerowstraße 14 · 69115 Heidelberg
Tel. +49 6221 6438-0 · Fax +49 6221 6438-22
info@carl-auer.de

INHALT

Vorwort

»Agile Führung ist der Ausdruck und die Praxis einer systemischen Haltung« – so lautet die These des vorliegenden Textes. Agilität kennzeichnet dabei eine umfassende Flexibilität des Denkens, Fühlens und Handelns, die gleichwohl keine grenzenlose Anpassungsfähigkeit markiert, sondern mit einer tiefen Kenntnis der eigenen Grenzen, Werte und Begründungen einhergeht. Wer sein Tun nicht aus seiner zufälligen Biografie und der Kontingenz seiner Lebenswelt heraus »verteidigt«, sondern aus einer geübten Fähigkeit zur Distanznahme, Auslotung und Selbstreflexion heraus immer wieder neu zu begründen und auch zu transformieren weiß, der oder die verfügt über eine besondere Haltung und spezifische Kompetenzen.

Diese Reflexibilität – ein Kunstwort, das aus den Begriffen Reflexivität und Flexibilität gebildet ist – erlaubt es insbesondere Führungskräften, in einer Weise mit den Unsicherheiten und Unverfügbarkeiten im Kontakt mit anderen und bei der Gestaltung von Lösungsansätzen umzugehen, die sich nicht in erster Linie ihrer Routine und eigener Erfahrung verdankt. Sie sind vielmehr durchdrungen von der Einsicht, dass (auch) sie bloß Beobachter oder Beobachterinnen sind, welche die Welt bevorzugt so interpretieren, wie sie gelernt haben, diese auszuhalten. Deshalb sind sie auch in der Lage, ihre eigenen bevorzugten Formen der Wahrnehmung und Schlussfolgerung zu hinterfragen und behutsam mit den Möglichkeiten der Gegenübersysteme resonant in Verbindung zu bringen – wissend, dass auch diese von Beobachtungen getragen und gestaltet sind. Dabei können sie eigene Gewissheiten aufgeben und disruptive Wandlungsprozesse mit nüchternem Blick beurteilen. Auch im sozialen Kontakt sind agile Führungskräfte in der Lage, ihr Gegenüber neu zu konstruieren und nicht im Kontext der Wahrnehmungs- und Fühlmuster, mit deren Hilfe sie routinemäßig ihre Welt aufordnen. »Dass es mir so scheint, heißt nicht, dass es so ist« (sensu Wittgenstein) ist dabei ebenso ihr inneres Mantra wie auch die selbstreflexive Frage: »Was ruft mir das Verhalten des Gegenübersystems über mich selbst in Erinnerung?«

Nahezu alle Dimensionen agiler Führung wurden in den letzten Jahrzehnten von den systemischen Konzepten und der systemischen Forschung analysiert und im Hinblick auf die Möglichkeiten einer Veränderung durch Selbstveränderung ausgelotet. Agile Führungskräfte – so eine wesentliche These – sind Persönlichkeiten, die in dem Bewusstsein handeln, dass jede erfolgreiche

Veränderung meist in erster Linie das Ergebnis einer erfolgreichen Selbstveränderung ist. Agile Führungskräfte sind Fachleute solcher Transformationen in eigener Sache. Erst diese Reflexibilität kann sie zu Experten werden lassen, die gelingende Veränderungen bei Individuen, Organisationen und Gesellschaften begleiten.

Kaiserslautern, im Januar 2021
Prof. Dr. Dr. h. c. Rolf Arnold

Einleitung: Die Systemik der agilen Führung

Das systemische Denken ist nicht neu, es wurde aber in den letzten fünf Jahrzehnten deutlicher im Hinblick auf seine Relevanz für Beratung und Begleitung (z. B. in der Psychotherapie) sowie für das Lehren und Führen in sozialen Kontexten vertieft. Mit diesen pragmatischen Präzisierungen waren auch zahlreiche Ernüchterungen verbunden, indem uns z. B. unabweisbar deutlich wurde, dass wir es in vielen Bereichen des sozialen Handelns mit einer »Unverfügbarkeit« (Rosa 2019) und »Unmöglichkeit« (Adorno 1977) sowie nicht selten mit einer »Logik des Misslingens« (Dörner 1989) zu tun haben. Die Fragen, die dabei in den Vordergrund rückten, waren:

- Wie können wir wirksam kooperieren, wenn das Gegenübersystem fast unablösbar zur Rigidität tendiert, um den eigenen Deutungs- und Reaktionsmustern »treu« bleiben zu können und zu tun, was es ohnehin vorhatte?
- Wie können wir sozial wirksam handeln, wenn uns die komplexen Wirkungszusammenhänge des Einzelfalls verborgen bleiben und wir nur zu erkennen vermögen, was wir zuvor vermuteten oder gar befürchteten?
- Wie gehen wir mit Misserfolgen um, wenn unsere subtil geplanten Interventionen – natürlich unbeabsichtigt – dazu beitragen, dass sich die Probleme des »unterstützten« Kontextes durch unsere Intervention verschlimmern?
- Wie und auf welcher Grundlage beurteilen und werten wir, da ja nicht jede Interpretation und jedes Vorhaben nur deshalb sinnvoll, gut und gerechtfertigt sein kann, weil das Gegenüber zu diesen tendiert?
- Was stiftet Festigkeit und Orientierung in verantwortlichen Positionen der Beratung, Begleitung und Führung von Gegenübersystemen (Individuen, Gruppen, Organisationen und Gesellschaften)?
- Wie fahren wir mit unseren Interpretationen und Interventionen gekonnt »auf Sicht«, wenn das einzige Gewisse die Ungewissheit ist (vgl. Pörksen 2008)?
- Und schließlich: Wie verhalten wir uns, wenn wir als Beratende, Lehrende oder Führungskräfte Verantwortung tragen und Nichtstun keine ernsthafte Alternative ist?

Diese Fragen werden im vorliegenden Text ausgelotet – ausgehend von folgender Arbeitsdefinition für »agile Führung«:

> »Agile Führung« steht als Label für ein sichtbar gelebtes Führungshandeln auf der Basis einer systemischen Haltung sich selbst und der Welt gegenüber. »Systemisch« bezeichnet dabei eine Form des Beobachtens und Denkens sowie eines selbsteinschließenden Spürens, Reflektierens und Handelns, das um die durchschaubaren hirnphysiologischen Mechanismen und die Selbstgebundenheit der eigenen Identitätsbalance und Gewissheit sowie um die Risiken und die Unmöglichkeit einer wirksamen intentionalen Intervention in Gegenübersystemen »weiß«.

Vorbereitet wurden diese Formen des Umgangs mit der Wirklichkeit durch kybernetische Erklärungen zur Vernetzung und Wechselwirkung von »punktuellen« Eingriffen, die Ganzheitsphilosophie des Gregory Bateson (1904–1980) (vgl. Bateson 1979; 1981) sowie durch die aus dieser entstehenden Aktivitäten im Umfeld des Palo-Alto-Instituts, die im deutschsprachigen Raum insbesondere mit dem Namen Paul Watzlawick (1921–2007) und Helm Stierlin (geb. 1926) verbunden sind. Letzterer löste als Professor an der Universität Heidelberg zahlreiche Schübe zur Entstehung mehrerer systemischer Institute aus und führte letztlich auch zur Gründung des Carl-Auer Verlags durch Fritz B. Simon und andere sowie der sysTelios-Klinik durch Gunther Schmidt, Mechthild Reinhard u. a.

Zu erwähnen sind auch die Arbeiten am MIT in Boston zur Analyse und wirksamen Gestaltung lernender Organisationen sowie die zahlreichen Ansätze der Sankt Gallener Betriebswirtschaftslehre zur ganzheitlichen Entwicklung von Unternehmen sowie zur Professionalisierung einer Führungskompetenz. Diese Ansätze versuchten, die Führung als eine Moderation betrieblicher Selbstorganisation zu bestimmen. Auch Peter Senge (geb. 1947) und Kollegen vom MIT zielten mit ihren Konzepten einer nachhaltigen Organisationsentwicklung auf die Profilierung einer »selbsteinschließenden« Professionalität im Sinne von Francisco Varela (1946–2001). Dieser hatte den Impuls der von Humberto Maturana (geb. 1928) entwickelten biologischen Erkenntnistheorie aufgegriffen. Nach dieser sei unser Wahrnehmen und Erkennen Ergebnis und Ausdruck unserer Sinnesorgane und Gehirnfunktionen. Varela hatte sich Zeit seines Lebens mit der Frage befasst, ob eine Weiterentwicklung dieser

»zufälligen«, gleichwohl für das Überleben der Gattung bislang erfolgreichen Ausstattung – durch »selbsteinschließende Reflexion« (Varela et al. 1992) oder auch Meditation – letztlich auch eine Veränderung der im Außen zu gestaltenden Möglichkeiten eröffnen könnte.

Es waren diese Ausweitungen des systemischen Denkens zu einem Konzept der »Veränderung durch Selbstveränderung« (Arnold 2011), welche sich auch der Frage annäherten, ob das zukünftige Überleben der Menschen in den komplex-dynamischen Lebensverhältnissen nicht gerade davon abhänge, ob es gelingt, die eingeschliffenen Formen eines »Learning from the past« mehr und mehr hinter sich zu lassen und nach anderen Formen der Wirklichkeitskonstruktion zu tasten, für die zwar zunächst nichts zusprechen scheint (vgl. Dispenza 2016; 2017), die aber gerade dadurch, dass man sie visualisiert und nachdrücklich- übend als Grundlage des eigenen – verantwortlichen – Fühlen, Denkens und Handelns nutzt, mehr und mehr zur Wirklichkeit werden können. In diesem Sinne sprechen die MITler von einem Führen, welches von der Zukunft her erfolgt – von einer Zukunft, wie diese in Erscheinung treten möchte bzw. könnte (vgl. Scharmer 2009b).

Mit dieser deutlich *subjektorientierten Wende* des systemischen Beobachtens, Forschens und Gestaltens vertiefte, versachlichte und radikalisierte das systemische Denken in den letzten Jahren seine *Beobachterorientierung.* Zwar galt immer schon das Diktum Maturanas, dass jede Beobachtung von einem Beobachter gemacht werde (vgl. Maturana 1982), doch trat diese grundsätzliche Beobachtergebundenheit in der begleitenden, führenden oder lehrenden Praxis vielfach in den Hintergrund. Insbesondere, was die biografische Relativität der eigenen professionellen Deutungen anbelangt, trat die »selbsteinschließende Reflexion« (sensu Varela et al. 1992) immer wieder hinter wissenschaftlichen Erklärungen zurück. Nur vereinzelt stellte man sich der für die eigene Professionalität grundlegenden Erschütterung, dass bloß eine »nichtwissende Beratung« (Arnold 2019a) sowie eine »spürende Vernunft« (Arnold 2018a, S. 73 ff.) uns mit dem handlungsleitenden Wissen und auch den grundsätzlichen Möglichkeiten der Gegenübersysteme wahrhaft in Verbindung zu bringen und dadurch auch anschlussfähige Veränderungsschritte zu eröffnen vermögen.

Diese *subjektorientierte Wende* des systemischen Denkens, Fühlens und Handelns wird im Folgenden aufgegriffen und mit den Konzepten und der Praxis einer »agilen Führung« in Verbindung gebracht.

Das Konzept der agilen Führung steht für eine fortgeschrittene systemische Führungspraxis. Diese greift das zentrale Thema systemischer Veränderungsarbeit auf und markiert Wege eines wirksamen Umgangs mit den Optionen einer lösungsorientierten Gestaltung lernender sowie resilienter Organisationen (vgl. Rolfe 2019).

Wenn es stimmt, dass komplexe Systeme überwiegend selbstorganisiert und gegenüber Außensteuerungen weitgehend immun agieren, dann kommt ihren Selbstorganisationskräften eine grundlegende Bedeutung zu. Führung, Personalentwicklung und Weiterbildung kompetenter Unternehmen sind deshalb gehalten, diesen Selbstorganisationskräften zum Ausdruck zu verhelfen, sie willkommen zu heißen, alternative Formen des Denkens, Fühlens und Handelns in den Blick zu rücken, neue Formen zu üben und zu pflegen sowie Kontexte zu gestalten, in denen diese zur Anwendung gelangen können. Um dies zu gewährleisten, ist systemisches Know-how, aber auch eine organisationale Resilienz notwendig. Zahlreiche Niedergänge einst marktführender Unternehmen haben sich auch deshalb ereignet, weil deren Führungskräfte weder das eine, noch das andere mobilisieren konnten, sondern darum bemüht waren, die Zukunft mit Konzepten der Vergangenheit zu gestalten, und bei diesem Versuch teilweise krachend gescheitert sind.

In der Veränderungsforschung rückten angesichts solcher Erfahrungen mehr und mehr epistemologische, d. h. erkenntnistheoretische, Überlegungen in den Vordergrund. Diese nehmen die Art und Weise der Wirklichkeitskonzepte und Wahrnehmungsroutinen der Akteure des betrieblichen Geschehens in den Blick, rekonstruieren die inneren Bilder von Beziehung und Kooperation sowie von Führung und Organisation und untersuchen die Frage, inwieweit solche inneren Bilder die Entscheidungen und Reaktionsformen der Verantwortlichen oft deutlicher bestimmen als nüchterne Betrachtung und sachgemäße Argumentation. In diesem Sinne verweist der Blickwinkel von Peter Senge – der die »presence«, was so viel wie »Achtsamkeit« bedeutet (vgl. Senge et al. 2005), zum Herzstück jeglicher Führungskompetenz aufwertet – auf die Bedeutung einer beobachtertheoretischen Selbstreflexion im Sinne einer angewandten Erkenntnistheorie (vgl. Senge et al. 2008) wie auch auf die neueren Überlegungen von Dirk Baecker (vgl. Baecker 2013). Es geht bei dieser epistemologischen Wende um einen wirklichen Paradigmenwechsel. Der Fokus der Betrachtung löst sich dabei von der Frage, was Betriebe oder Organisationen tatsächlich »sind« und wie sie funktionieren, und wendet sich im Kern der Frage zu, wie die verantwortlichen Akteure gewohnt sind, das Betriebliche zu deuten und zu denken, und welche Möglichkeiten sie dadurch sehen oder übersehen (vgl. Arnold 2018b).

In der Unternehmensforschung der letzten Jahre ist vereinzelt bereits die Rede von einer im Entstehen begriffenen »epistemologischen Unternehmenskultur«. Diese wird getragen von einem gewachsenen Bewusstsein der betrieblichen Akteure gegenüber der Perspektivität der eigenen Wahrnehmung und den Potenzialen einer Veränderung gewohnter Muster des Denkens, Fühlens und Handelns. Die Frage »How do we know what we know?« ist für diese epistemologische Unternehmenskultur grundlegend (vgl. Langemeyer et al. 2015, S. 19), um sich als Führungskraft wie als Mitarbeiter oder Mitarbeiterin in neuer und in höherem Maße resonanter Weise aufeinander zu beziehen und miteinander umzugehen. Der Fokus einer epistemologischen Personalentwicklung zielt dabei nicht nur darauf, die Tatsache bewusst zu machen, dass auch Führungskräfte keinen privilegierten Zugang zur Erkenntnis der Wahrheit haben – bloß, weil sie die Macht haben, ihre Lesart der Wirklichkeit im Zweifelsfall durchzusetzen. Es geht dem epistemologisch begründeten Umgang mit den eigenen Beobachtungen vielmehr um die Reflexion und Relativierung gewohnter Denk-, Seins- und Kooperationsmuster. Diese werden – gerade in Zeiten des beschleunigten disruptiven Wandels – zum Ansatzpunkt jeglicher Veränderung. Dabei gilt:

> Agiles Denken, Fühlen und Handeln müssen selbst einer disruptiven Logik folgen. Dies bedeutet, dass die betrieblichen Akteure sich mehr und mehr darin üben müssen, nicht im Neuen stets das Alte zu sehen bzw. die Zukunft mit den Mitteln der Vergangenheit erschließen zu wollen (und sie dadurch zu verpassen).

Die Rede ist in diesem Zusammenhang auch von »disruptive personality types« (Snyder 2010), um *die* Persönlichkeitsaspekte von Führungskräften in den Blick zu rücken, die mit solchen extremen Veränderungsschüben besser zurechtkommen, diese gestalten oder gar auslösen können. Vielfach fällt in solchen Unternehmen der Satz: »Wir müssen uns beständig selbst disruptiv angreifen, sonst greifen uns die anderen an!« Plädiert wird auch für ein »disruptive thinking« (von Mutius 2017), womit eine Art gemeint ist, die Welt und sich selbst zu sehen, die sich nicht rückwärtsgewandt an Standards der Vergangenheit, sondern an Möglichkeiten der Zukunft zu orientieren vermag – Möglichkeiten, welche die überlieferten Formen des Denkens, Fühlens und Handelns bislang übersehen und ausgeschlossen oder gar nicht als ernst zu nehmende Deutungen in den Blick genommen haben, die uns aber auf direktem Wege und häufig in erstaunlich eleganter Weise zu neuen Problemlösungen zu führen vermögen.

Dieses Denken über die vermeintlich begrenzten Gegebenheiten hinaus zeigt u. a. folgende Geschichte:

DIE GESCHICHTE VOM ACHTZEHNTEN KAMEL

Ein Mullah ritt auf seinem Kamel nach Medina; unterwegs sah er eine Herde von Kamelen; daneben standen drei junge Männer, die offenbar sehr traurig waren.

»Was ist euch geschehen, Freunde?«, fragte er, und der Älteste antwortete:

»Unser Vater ist gestorben.«

»Allah möge ihn segnen. Das tut mir leid für euch. Aber er hat euch doch sicherlich etwas hinterlassen?«

»Ja«, antwortete der junge Mann, »diese siebzehn Kamele. Das ist alles, was er hatte.«

»Dann seid doch fröhlich! Was bedrückt euch denn noch?«

»Es ist nämlich so«, fuhr der älteste Bruder fort, »sein letzter Wille war, dass ich die Hälfte seines Besitzes bekomme, mein jüngerer Bruder ein Drittel und der jüngste ein Neuntel. Wir haben schon alles versucht, um die Kamele aufzuteilen, aber es geht einfach nicht.«

»Ist das alles, was euch bekümmert, meine Freunde?«, fragte der Mullah. »Nun, dann nehmt für einen Augenblick mein Kamel, und lasst uns sehen, was passiert.«

Von den achtzehn Kamelen bekam der älteste Bruder die Hälfte, also neun Kamele, neun blieben übrig. Der mittlere Bruder bekam ein Drittel der achtzehn Kamele, also sechs; jetzt waren noch drei übrig. Und weil der jüngste Bruder ein Neuntel der Kamele bekommen sollte, also zwei, blieb ein Kamel übrig. Es war das Kamel des Mullahs; er stieg wieder auf, ritt weiter und winkte den glücklichen Brüdern zum Abschied lachend zu.

Zu dieser Geschichte meint Heinz von Foerster: »*So* wie das achtzehnte Kamel, so braucht man Wirklichkeit als eine Krücke, die man wegwirft, wenn man sich über alles klar ist.«

(nach Lynn 1986)

Der erfolgreich gestaltende Umgang mit Disruptionen wird in jüngster Zeit vielfach als die zentrale Aufgabe agiler Führungskräfte angesehen. John Erpenbeck und Volker Heyse bezeichnen Disruptionen als »eine der Signaturen der Zukunft« und schreiben:

> » *Kompetenzentwicklung ist der wahrscheinlich wichtigste Weg, diese Disruptionen zu bewältigen* « (Erpenbeck u. Heyse 2019, S. 33).

Für die Frage nach der agilen Führung im Sinne einer Ermöglichung persönlicher Entfaltung und der Gestaltung resilienter Organisationen ist die epistemologische Wende der Kompetenz- und Organisationsforschung grundlegend. Das Begreifen dessen, *wie* wir – meist routinemäßig, im vermeintlich sicheren Gefühl der Berechtigung und des Rechthabens – begreifen, wird mehr und mehr zum Dreh- und Angelpunkt jeglicher Führung sowie Kompetenz- und Persönlichkeitsentwicklung. Agile Führungskräfte sind deshalb die Vorkämpfer sowie Vorreiter einer epistemologischen Unternehmenskultur.

Durch die Agilität von Unternehmen wandeln sich auch die festgefügten Sichtweisen zur Funktion und Aufgabe der betrieblichen Personalentwicklung. Diese beschränkt sich nicht länger darauf, den Unternehmen qualifizierte Fachkräfte zur Verfügung zu stellen, deren Wissen und Können in erheblichen Teilen meist schon veraltet ist, wenn sie in den Beruf einmünden. Die agile Persönlichkeit ist nicht bloß »flexibel«, wie Richard Sennetts sie als pauschale Anforderung an den neuen Menschen in Wandlungsprozessen definiert (Sennet 1998). Sie ist vielmehr kompetent im Umgang mit sich selbst und der Welt in dynamischen Veränderungen. Ihre Stärke und Orientierungskraft bezieht die agile Persönlichkeit nicht länger aus einmal erreichten Abschlüssen, eingeschlagenen Karrierewegen oder erkämpften Positionen, sondern aus einer inneren Verankerung und Haltung heraus. Entscheidend sind persönliche – gewissermaßen außer- bzw. überfachliche – Fähigkeiten, wie die

- zum selbstgesteuerten Lernen
- zur selbstständigen Erschließung, Beurteilung und Nutzung von Wissensquellen
- zur Gestaltung neuer Anforderungen und Problemlagen

- zum selbstverantwortlichen und gerechten Handeln
- zur Veränderung liebgewonnener Sichtweisen und Routinen sowie
- zur synergetischen Kommunikation und Kooperation.

Es sind diese Selbstkompetenzen, welche die agile Führungskraft auszeichnen. Ähnliches gilt aber auch für die Fachkräfte in den Organisationen und Unternehmen. Diese helfen den Akteuren, sich mit Unverfügbarkeiten und Ungewissheiten so auseinanderzusetzen, dass tragfähige und nachhaltige Lösungen entstehen können. Dadurch wächst – gewissermaßen als Gegengewicht zu den fluiden Bedingungen im Außen – eine innere Festigkeit, welche auch einer durchspürten ethischen Basis bedarf, die man durch Vorbild, Miterleben und im Umgang lernen, sich aneignen und kognitiv-emotional verankern kann.

Voraussetzung dafür ist allerdings, dass man Werte nicht deklarieren oder gar vermitteln kann; sie werden nicht zu den tragenden Bestandteilen von Persönlichkeiten, wenn man über Werte informiert, diese gar lehrt. Zwar kann die Auseinandersetzung mit Werten »Möglichkeitsräume« (Bauer 2019, S. 113 ff.) entstehen lassen, doch bleibt ihre nachhaltige Aneignung bzw. Anverwandlung der Anschließbarkeit an die durchspürte Lebenspraxis der Akteure vorbehalten. Mit anderen Worten kann eine solche Aneignung und Transformation eigener Lebenswerte bloß gelingen, wenn die Begegnung mit anderen Möglichkeiten emotional bewegend, wenn nicht gar labilisierend gestaltet werden kann. Werte – so stellen John Erpenbeck und Werner Sauter fest – »überbrücken« fehlendes Wissen und

> » *(…) ermöglichen ein Handeln unter Unsicherheit, die aus dem selbstorganisativen Charakter der Welt und ihrer Teilsysteme resultiert, worin Allgemeingültigkeit, Determinismus, Einfachheit und Einheitlichkeit verloren sind. Ohne Werte wären wir handlungsunfähig. (…) Ohne echte emotionale Labilisierung gibt es keinerlei Wertewandel* « *(Erpenbeck u. Sauter 2018, S. 134 u. 145).*

Diese Überlegungen verweisen deutlich auf die Tatsache, dass eine wirksame Wertebildung nicht im Kontext steriler Seminare gelingen kann, in denen philosophisches Wissen und ethische Begründungen dargestellt und reflektiert werden. Werte sind vielmehr unmittelbar mit der emotionalen

Grundorientierung der Akteure verwoben und halten diese im Spektrum der Sicht- und Verhaltensweisen, mit denen die Akteure gelernt haben, ihre Welt auszuhalten und zu gestalten. Wie viel – so ist die Frage – muss sich an dieser Grundorientierung ändern, bis man die eigene Verantwortung nicht mehr als Kontrolle und eigene Anerkennung spürt und wahrnimmt, sondern mehr und mehr in der Lage ist, sich auf das Gelingen und die Wirkung zu fokussieren – unbeschadet der Frage, ob und wie groß die eigene Rolle an diesem Gelingen tatsächlich ist.

Wertebildung geht somit mit einer emotionalen Transformation der Person einher, wobei sie die Fähigkeiten in sich stärkt, das eigene Ichempfinden zurückzustellen und die Voraussetzungen zu optimieren, damit andere Raum gewinnen und ihre Gestaltungsfähigkeit unter Beweis stellen können. Im Kern geht es dabei um eine Haltung sich selbst und dem Lebendigen gegenüber, für deren Stärkung in der Führungskräftebildung einiges getan, aber auch vieles versäumt werden kann. Einige amerikanische Universitäten sind deshalb darum bemüht, neben der nüchternen Expertise auch die Haltung ihrer Studierenden und zukünftigen Führungskräfte durch eine »contemplative education«, die auch die spirituellen Fragen des Menschseins berührt, zu stärken. Dafür bringen sie die Studierenden bereits früh mit den Fragen in Verbindung:

> » *Who am I? What are my most deeply felt values? Do I have a mission or purpose in my life? Why am I in college? What kind of person do I want to become? What sort of world do I want to help create?* « *(Astin, Astin a. Linholm 2011, S. 1).*

Zahlreichen moralpädagogischen Forschungen ist zu entnehmen, dass Menschen ihre Wertorientierungen bereits im dichten emotionalen Erleben der Kindheit herausbilden. Eine Transformation dieser Ausgangswerte lässt sich deshalb auch nicht durch Information, Belehrung und Diskurs oder gar Überredung erreichen. Ohne eine wirkliche emotionale Resonanz in direkter Begegnung – ähnlich der, welcher wir auch im frühen Erleben ausgesetzt gewesen sind – ist eine dauerhaft nachhaltige Umwertung eher unwahrscheinlich. Um diese emotionale Kontextualisierung einer Werttransformation zu gewährleisten, ist es nicht nötig, die Akteure selbst in tatsächlich erlebten »kritischen Lebensereignissen« anzusprechen und an diesen anzuschließen;

auch die Imaginierung anstehender Veränderungen (in der Berufsrolle, am Arbeitsplatz, in der Partnerschaft usw.) können einen Emotionalisierungseffekt haben.

Dabei werden die eigene Ungewissheit oder auch Ausweglosigkeit zum Thema (z. B. bei Krankheit, Verlust) und die – potenzielle – Erschütterung zum Anknüpfungspunkt, um eine tiefgreifende Klärung der Werte einzuleiten.

Agile Führung basiert auf den inneren – letztlich auch emotionalen – Fähigkeiten der Akteure, die darüber entscheiden, welche Veränderungen sie anstreben bzw. sich zutrauen können und auszuhalten vermögen. Hierfür suchen Führungskräfte Gelegenheiten zur Selbstveränderung auf. Sie lassen sich immer wieder auf eine angeleitete Selbstreflexion ihrer Wirklichkeitskonstruktionen ein und lassen zu, dass ihnen zentrale Kategorien ihres Tuns fragwürdig werden (»Lernen«, »Führen« etc.).

Agile Führungskräfte verstehen, dass gerade die Fülle ihrer Erfahrungen und Expertise nicht nur orientiert, sondern auch festlegt, und sie üben sich in der Selbstveränderung (durch die Entwicklung neuer Deutungs- und Emotionsmuster) – wissend, dass sie dafür verantwortlich sind, dass nur im eigenen Innen das reifen kann, was im Außen Gestalt gewinnen soll.

>> *Es spricht viel dafür, dass wir selbst in unseren nüchtern daherkommenden Abwägungen und fachlichen Begründungen uns niemals vollständig von dem lösen können, wie wir die Welt fühlen und uns in ihr bewegen. Die Agilität bleibt dann gewissermaßen in biografisch erworbener Steifheit gefangen. Eine übertriebene Pedanterie oder gar Rigidität ist deshalb bei der Klärung beruflicher Situationen niemals unmittelbarer Ausdruck der druckvollen Anforderung allein. Es gibt vielmehr Raum für persönliche Auslotungen: Die einen reagieren nervös, angespannt und versagensängstlich auf eine druckvolle Situation, die anderen hingegen gelassen und mit Überblick, vielleicht sogar lässig oder nachlässig. Man kann deshalb auch nicht einfach von Agilität reden und diese fordern, ohne die Mechanismen der subjektiven Flexibilisierung im Mindset der Akteure sowie ihren Fähigkeiten zum Umlernen und zur Persönlichkeitsentwicklung mit in den Blick zu nehmen* << *(Arnold 2018b, S. 142 f.).*

Es ist die Zirkularität, Konstruktivität und Relativität der eigenen Wahrnehmung, welche es zu erkennen und zu transformieren gilt. Dabei kann eine neue Sicht auf den Mitarbeiter, den Kunden sowie die Art der Beziehung entstehen. Der Kerngedanke des Agilitäts-Konzepts ist dabei die Offenheit und Anpassungsfähigkeit der Entwicklung von geteilten Deutungen und Lösungen. Diese sind nur locker festgelegt, die eigene Expertise wird nicht als dominante Zuständigkeit artikuliert; auch der Kunde hat recht und kann sich – ggf. auch spät im Prozess – noch in dessen Gestaltung einmischen. So heißt es in den »Prinzipien hinter dem Agilen Manifest«, in welchem Softwareentwickler 2001 die Merkmale ihrer Tätigkeit dargelegt hatten:

> » *Wir folgen diesen Prinzipien:*
>
> *Unsere höchste Priorität ist es, den Kunden durch frühe und kontinuierliche Auslieferung wertvoller Software zufrieden zu stellen.*
>
> *Heiße Anforderungsänderungen selbst spät in der Entwicklung willkommen. Agile Prozesse nutzen Veränderungen zum Wettbewerbsvorteil des Kunden.*
>
> *Liefere funktionierende Software regelmäßig innerhalb weniger Wochen oder Monate und bevorzuge dabei die kürzere Zeitspanne.*
>
> *Fachexperten und Entwickler müssen während des Projektes täglich zusammenarbeiten.*
>
> *Errichte Projekte rund um motivierte Individuen. Gib ihnen das Umfeld und die Unterstützung, die sie benötigen, und vertraue darauf, dass sie die Aufgabe erledigen.*
>
> *Die effizienteste und effektivste Methode, Informationen an und innerhalb eines Entwicklungsteams zu übermitteln, ist im Gespräch von Angesicht zu Angesicht.*
>
> *Funktionierende Software ist das wichtigste Fortschrittsmaß.*
>
> *Agile Prozesse fördern nachhaltige Entwicklung. Die Auftraggeber, Entwickler und Benutzer sollten ein gleichmäßiges Tempo auf unbegrenzte Zeit halten können.*
>
> *Ständiges Augenmerk auf technische Exzellenz und gutes Design fördert Agilität.*
>
> *Einfachheit – die Kunst, die Menge nicht getaner Arbeit zu maximieren – ist essenziell.*

Die besten Architekturen, Anforderungen und Entwürfe entstehen durch selbstorganisierte Teams.

In regelmäßigen Abständen reflektiert das Team, wie es effektiver werden kann, und passt sein Verhalten entsprechend an. << [1]

Diese Prinzipien markieren das Kernanliegen einer agilen Führung. Dieses ist nicht vollständig neu, in seiner Radikalität aber entschlossen. Gleichzeitig wandelt sich das Selbstverständnis derer, die für die fachlich seriöse Produktgestaltung, Dienstleistung oder Problemlösung Verantwortung tragen. Sie verstehen sich nicht mehr in erster Linie als Fachspezialisten, denen es um die fachlich exakte Problembearbeitung geht; sie wissen zugleich um die soziale Dimension ihres Handelns und orientieren sich an der Zufriedenheit der Annehmer und Nutzer. Deshalb müssen sie im Gespräch bleiben, zur Partizipation an der Bearbeitung animieren und sich um diese bemühen. Dadurch wächst der kommunikative Anteil in einem Bereich, dessen Selbstverständnis bislang eher ein technologisches gewesen ist. Dies ist ein Kulturbruch, der nicht nur an die beteiligten Führungskräfte, sondern auch an die Fachkräfte neuartige Anforderungen stellt. Auch deren eigener Werdegang und ihr Erleben als aktiv an ihrer Ausbildung, deren Verlauf und Ergebnissen beteiligte Personen rücken dadurch in den Blick. Agilität muss man nämlich in der eigenen professionellen Entfaltung selbst erleben und nutzen können, um sie als innere Blaupause im Umgang mit Mitarbeitenden und Kunden selbst ausdrücken zu können.

Die Gegenüberstellung in Tafel 1 versucht den Brückenschlag von den Werten einer agilen Führung zu den Prinzipien einer agilen Führungspraxis.

Der vorliegende Text lotet die konkreten Fragen und Probleme, die im Zusammenhang mit einer agilen Führungspraxis aufbrechen, detailliert aus. Referiert werden dabei zwar die theoretischen Zugänge und Auslotungen der Wirkungsmechanismen in komplexen Führungs- und Veränderungsprozessen; Verfahrensvorschläge, empirische Begründungen usw. werden aber bloß sehr zurückhaltend entwickelt, zumal sie bereits in zahlreichen anderen Veröffentlichungen des Autors ausgebreitet wurden. Deshalb wird hier ein anderer Weg beschritten und der emotionalen Kraft der Narration gefolgt. In Geschichten erkennt man sich selbst, und aus Geschichten kann man bildhaft und konkret, aber auch emotional »labilisierender« und damit nachhaltiger

1 Verfügbar unter http://agilemanifesto.org/iso/de/principles.html [16.11.2020].

lernen, wie der Autor in eigenen zahlreichen Führungstrainings im nationalen und internationalen Kontext hat lernen dürfen.

Leitgesichtspunkte	Werte	Prinzipien einer agilen Führungspraxis
Anpassung	»Reagieren auf Veränderung steht über dem Befolgen eines Plans.«	Bezugnahme auf die individuellen Erfahrungen, Besonderheiten und Möglichkeiten
Gemeinsamkeit	»Zusammenarbeit mit dem Kunden steht über der Vertragsverhandlung.«	kontinuierliche Kompetenzentwicklungs-Gespräche mit den Lernenden
Interaktion	»Menschen und Interaktionen stehen über Prozessen und Werkzeugen.«	situatives Handeln
Lösungsorientierung	»Funktionierende Software steht über einer umfassenden Dokumentation.«	das Outcome des Lernens nüchtern prüfen

Tafel 1: AGIL – Kriterien in der pädagogischen Professionalisierung (nach Arnold 2018b, S. 149)

Führungskräfte folgen keinen stringent abgeleiteten Theorien und Konzepten, sondern einleuchtenden Bildern und der frappierenden Klarheit, wie Geschichten sie zu transportieren vermögen. Aus diesem Grund ist diese Einführung in die Grundlagen und in die Kunst der agilen Führung als eine kommentierte Geschichtensammlung gestaltet.

Die Selbstorganisationskräfte finden dort, wo sie geübt, gepflegt und professionalisiert wurden, letztlich in einer organisationalen Resilienz ihren Ausdruck, die gewissermaßen die Performance-Seite einer gelebten – agilen – Unternehmenskultur darstellt. Resiliente Organisationen sind in der Lage, sich immer wieder wie Phönix aus der Asche neu zu erheben, neu zu erfinden und selbst aus schwersten Krisen gestärkt hervorzugehen. Resiliente Organisationen benötigen Führungskräfte, die mit der Selbstorganisation umzugehen wissen – mit ihrer eigenen und mit der ihrer Kolleginnen und Kollegen. Hierfür benötigen sie eine »innere Stärke« und eine spürbar wertbezogen ausgeprägte Haltung der Akteure. Worum es in resilienten

Organisationen im Kern geht, illustriert die folgende, von Kristina Reftel aufgeschriebene Geschichte:

> **DER BALLONMANN**
>
> Ein Vater nahm seinen kleinen Sohn mit in ein Spielwarengeschäft. Während der Vater nach dem suchte, was er kaufen wollte, sah sich der Junge auf eigene Faust um. In einer Ecke fand er eine Figur aus Luftballons. Der große Luftballonmann faszinierte den Jungen, darum blieb er eine Weile davor stehen.
>
> Nach einer Weile konnte es der Junge nicht bleiben lassen, ein wenig gegen die Figur zu tippen, einfach nur, um zu sehen, was dann passieren würde. Die Luftballonfigur kippte leicht nach hinten, kippelte dann aber wieder nach vorne zurück und stand wieder aufrecht.
>
> Das machte den Jungen nur noch neugieriger, sodass er nun dem Luftballonmann einen tüchtigen Stoß versetzte, diesmal mit voller Kraft. Aber auch diesmal passierte dasselbe: Der Luftballonmann kippte zwar zunächst nach hinten, wippte dann aber wieder nach vorne und blieb aufrecht stehen.
>
> In dem Augenblick kam der Vater des Jungen hinzu und sah, wie sein Sohn fasziniert den Luftballonmann anschaute.
>
> »Woher, glaubst du, kommt es, dass er jedes Mal wieder aufsteht, wenn du ihn niedergeschlagen hast?«, fragte der Vater.
>
> Der Junge dachte eine Weile nach und sagte dann: »Vielleicht kommt das daher, dass er innerlich aufrecht steht?«
>
> (Reftel 2015, S. 8 f.)

Diese Geschichte führt eindrücklich vor Augen, worum es bei einer agilen Führung in resilienten Organisationen geht: Führungskräfte benötigen eine eigene innere Stärke, auf die sie zurückgreifen können, die ihnen Halt und Orientierung in unübersichtlichen Lagen stiften kann. Es gibt deshalb auch nichts, was sie wirklich »umzuhauen« vermag, da sie über zurückfedernde Fähigkeiten verfügen. Sie sind in der Lage, ihre innere Stärke aus eigenen Ressourcen zu speisen, weil sie innerlich weniger festgelegt oder gar abhängig von der Fortdauer gewohnter Abläufe und Gewissheiten sind. Damit verfügen sie gerade in unruhigen Zeiten über Voraussetzungen, die einem nicht in die Wiege gelegt wurden: Sie sind in der Lage, aus sich heraus überlegt zu handeln – wobei sie das Ganze im Blick haben und sich um dessen Wachstum kümmern.

Agile Führungskräfte halten nicht an gewohnten Weltbildern oder Reaktionsmuster fest, sondern haben die Schaffung einer gemeinsamen Zukunft (auch) fester im Blick als die eigene durchlebte Vergangenheit. Sie verfügen gleichermaßen über eine sichtbar gelebte – systemisch-konstruktivistische – Haltung sich selbst und der Welt gegenüber wie über professionelle Expertise, können aber zugleich als Experten des Nichtwissens und als öffnende Instanz gegenüber neuen Erklärungs- und Sinnbegründungen agieren, die alte Gewohnheiten überwindet und nach neuen Formen des Überlebens Ausschau hält.

20 REZEPTE FÜR EIN TOTES PFERD

Eine Weisheit der Dakota-Indianer sagt: »Wenn du entdeckst, dass du ein totes Pferd reitest, steig ab.« Doch Manager versuchen oft andere Strategien, nach denen in dieser Situation gehandelt wird:

1. Wir besorgen eine stärkere Peitsche.
2. Wir wechseln den Reiter.
3. Wir sagen: »So haben wir das Pferd doch immer geritten.«
4. Wir gründen einen Arbeitskreis, um das Pferd zu analysieren.
5. Wir besuchen andere Orte, um zu sehen, wie man dort tote Pferde reitet.
6. Wir erhöhen die Qualitätsstandards für den Beritt toter Pferde.
7. Wir bilden eine Task-Force, um das tote Pferd wiederzubeleben.
8. Wir schieben eine Trainingseinheit ein, um besser reiten zu lernen.
9. Wir stellen Vergleiche unterschiedlicher toter Pferde an.
10. Wir ändern die Kriterien, die besagen, ob ein Pferd tot ist.
11. Wir kaufen Leute von außerhalb ein, um das tote Pferd zu reiten.
12. Wir schirren mehrere tote Pferde zusammen an, damit sie schneller werden.
13. Wir erklären: »Kein Pferd kann so tot sein, dass man es nicht noch schlagen könnte.«
14. Wir machen zusätzliche Mittel locker, um die Leistung des Pferdes zu erhöhen.
15. Wir machen eine Studie, um zu sehen, ob es billigere Berater gibt.
16. Wir kaufen etwas zu, das tote Pferde schneller laufen lässt.
17. Wir erklären, dass unser Pferd »besser, schneller und billiger« tot ist.
18. Wir bilden einen Qualitätszirkel, um eine Verwendung für tote Pferde zu finden.
19. Wir überarbeiten die Leistungsbedingungen für Pferde.
20. Wir richten eine unabhängige Kostenstelle für tote Pferde ein.[2]

2 Nach Wirtschaftszeitung Cash 44, 1999.

Aus Geschichten lernen

Die Agilität der Führung wird im Folgenden immer wieder mit Geschichten illustriert. Mit Geschichten verhält es sich in diesem Zusammenhang so ähnlich wie mit Märchen: Diese werden überliefert, weil sich die Menschen von dem darin beschriebenen Geschehen angesprochen und in Resonanz versetzt fühlen. Es ist dieses Erleben, welches dem Narrativen eine empirische Evidenz verleiht: Geschichten und Märchen können somit eine historische Validierung für sich in Anspruch nehmen; sie sind »wahr«, da sie eine soziale Akzeptanz ausdrücken und ein unmittelbares Verstehen auszulösen vermögen. »Ein Bild sagt mehr als tausend Worte!« – diese Einsicht gilt auch und gerade für die bildhafte Exaktheit so mancher »Weisheitsgeschichten«, wie man solche sinnigen Geschichten gerne nennt.[3]

Agile Führung lässt sich in ihren wesentlichen Elementen sowohl auf der Basis zahlreicher Studien der Führungsforschung als auch vor dem Hintergrund solcher Geschichten beschreiben. Dabei wird deutlich, dass Führung sowohl ein auf sich selbst (auf die Führungsperson bezogenes) als auch auf Gegenübersysteme gerichtetes Tun ist. Gleichzeitig ist Führung ein emotional verankertes Tun wie auch eine verstehende Bemühung. Als emotionale Führung fordert dieses Tun Selbstarchäologie und Selbstreflexion; als verstehende Bemühung fordert Führung auch führungstheoretisches Wissen und führungspraktisches Know-how.

> Agile Führung ist somit vierdimensional: Sie ist Selbstführung und gestaltender Umgang mit Gegenübersystemen; sie ist eine emotionale Selbstreflexion (»Seit wann habe ich das?«) und Reifung sowie die sachverständige Nutzung von wissenschaftlichen Ergebnissen, Theorien und Konzepten zur Wahrnehmung und zur Logik des sozialen Handelns.

3 Vgl. www.sinnigegeschichten.de.

1 ACHTSAMKEIT: ICH DENKE, FÜHLE UND HANDLE SELBSTEINSCHLIESSEND

Führungskräfte haben es oft mit neuartigen und auch extrem herausfordernden Situationen zu tun. Diese konfrontieren sie immer wieder mit der Notwendigkeit, auch in unübersichtlichen Lagen rasch und entschlossen zu reagieren. Dabei nutzen sie ungewollt einen Überlebensmechanismus der menschlichen Kognition, der das Neue stets zunächst mithilfe der unmittelbar – und unreflektiert – zu Gebote stehenden alten und bewährten Muster des Denkens, Fühlens und Handelns zu »begreifen« sucht. Menschen beurteilen das Neue mit seinen noch unbekannten Möglichkeiten durch die Brille des Vertrauten. So ist es zu erklären, dass die ersten Autos nach der Erfindung des Motors noch nach dem Vorbild der Kutschen konstruiert wurden, und auch die ersten Filme folgten mit fest installierter Kamera noch der Dramaturgie des Theatergeschehens. Auch die Möglichkeiten des virtuellen Lernens (im »virtual classroom«) und Kooperierens (im Homeoffice in virtuellen Teams) »suchen« noch nach den ihnen gemäßen bildungspolitischen und arbeitsorganisatorischen Formen, um die »eigentlichen« Möglichkeiten, wie das Neue in Erscheinung treten möchte, von den überlieferten Formen des Denkens, Fühlens und Handelns zu lösen und sich gegenüber veränderten Formen des Ausdrucks und der Gestaltung zu öffnen.

Nicht erst die Erfahrungen mit den sogenannten disruptiven Innovationen haben auch die Führungsdebatten zu der Frage geführt, wie Verantwortliche in ihren Fähigkeiten, das Neue neu und auch losgelöst von den eigenen Erfahrungen zu beurteilen und zu gestalten, entwickelt und gestärkt werden können. Vorausgegangen waren technologische Innovationen, die völlig anders ansetzten, bisherige Entwicklungsverläufe abkürzten und zu qualitativ ebenbürtigen, wenn nicht gar überlegenen Lösungen kamen, wie u. a. bereits Erfahrungen in der Film- und Fotoindustrie (der Fall Kodak), aber auch bei Handy-Herstellern (der Fall Nokia) verdeutlichen. Der Niedergang einst erfolgreicher Marktriesen ist häufig auf Wahrnehmungs- und Beurteilungsfehler bzw. auf kognitive Festgelegtheiten der Verantwortlichen zurückzuführen. Diese wähnten sich auch persönlich im sicheren Besitz der einen besten Lösung (»the one best mode«) und konnten sich letztlich auch nicht der emotionalen Labilisierung stellen, welche die um sie herum aufkeimenden disruptiven Entwicklungen für sie mit sich brachten.

Als die für das Überleben von Organisationen zentrale Frage rückte mehr und mehr die Persönlichkeitsentwicklung der verantwortlichen Akteure in den Vordergrund. Auch die Rekrutierungsmechanismen der Unternehmen, die bei der Auswahl und Entwicklung von Führungskräften wirksam werden, gerieten in letzten Jahren verstärkt in den Fokus der Debatten. »Haben wir tatsächlich die richtigen Führungskräfte?«, lautete die Ausgangsfrage.

»Honorieren wir bei deren Auswahl bloß angepasstes Verhalten oder legen wir auch auf abweichendes Verhalten Wert?«, so die weiterführende Frage. Im Kern schließlich landete man bei der zentralen Führungsfrage:

> Wie können wir erreichen, dass sich unsere Führungskräfte die Welt nicht bloß so vorstellen können, wie sie dies gelernt haben und aushalten können, sondern auch so, dass sie selbst es sind, die die bisher bewährten Lösungen kontinuierlich »angreifen« bzw. »frisch denken«? (vgl. Scharmer 2009b).

Viele Anregungen fand man bei der Erörterung solcher Fragen in den Ansätzen zur Förderung der Kreativität und der emotionalen Kompetenzen sowie in einer genaueren Analyse der künstlerischen Gestaltung – bis hin zu der herausfordernden These, dass die sich mit eskalierender Geschwindigkeit verändernden Gesellschaften in immer stärkerem Maße Fach- und Führungskräfte benötigten, die als Künstlerinnen und Künstler neue Wirklichkeiten zu visualisieren und zu gestalten vermögen (Brater et al. 2011). Die dabei zum Tragen kommenden Kompetenzen unterscheiden sich grundlegend von der Fachexpertise, auf die bislang bei der Rekrutierung und Entwicklung des Nachwuchses fast ausschließlich Wert gelegt wurde.

Sicherlich: Führungskräfte benötigen eine sachbezogene Expertise und auch Kenntnisse über den Umgang mit sozialen Systemen. Als entscheidender Aspekt einer gelingenden Führung erwies sich jedoch eine Flexibilität im Umgang mit sich selbst und der Welt, wie sie der amerikanische Sozialphilosoph Richard Sennett als »flexible man« (Sennett 1998) beschrieb.

Neuere Beiträge sprachen vom »re-flexible man« und markierten damit eine Bewusstheit, bei der der Akteur

> »(...) um die selbsterfüllende Kraft seiner Gewohnheiten und der eigenen Traditions- und Routineverhaftung (weiß). Er ist sich auch der Tatsache bewusst, dass diese ihn immer wieder dazu verführen, an seinen Gewissheiten festzuhalten und sich die Zukunft auf der Basis der eigenen Erfahrungen zu konstruieren, wodurch er dazu beiträgt, dass auch die Zukunft mehr oder weniger so bleibt, wie die Vergangenheit bereits gewesen ist« (Arnold 2017a, S. 16).

Diese Selbsteinsicht stellt die Basis jeder achtsamen Bewegung dar. Eine reflexible Führungskraft ist in der Lage, sich die Zukunft auch in anderer Weise vorzustellen, als ihr dies ihre eigenen Erfahrungen und ihr angehäuftes Wissen zuflüstern. Es fällt ihr auf, wenn ihr eine Situation vertraut vorkommt und sie die Tendenz in sich verspürt, in ähnlicher Weise auf diese zu reagieren wie die unzähligen Male zuvor, bei denen sie ihre Routine eingespurt hat. Ihre Fähigkeit zur Achtsamkeit führt sie immer wieder in eine Reflexionsschleife und das Bemühen, die vermeintlich ach so vertraute Welt in neuer Weise, d. h. mit neuen – dem bisherigen Blick verborgenen – Potenzialen, in Erscheinung treten zu lassen. Ein reflexibler Führer

> »(...) weiß, dass er seine Welt bloß verändern kann, wenn es ihm gelingt, sich selbst zu verändern. Indem er lernt, die Gegebenheiten weniger rasch zu beurteilen, öffnet er sich auch dem Fremden, Unbekannten und vielleicht bereits Verworfenen gegenüber. Er vergleicht wertschätzend, wo er früher durch Beurteilungen Eindeutigkeiten hergestellt hat. Dadurch schafft er

zumindest die Voraussetzungen dafür, dass sich ihm die Wirklichkeit in anderer Weise – als andere Wirklichkeit – zu zeigen vermag. Damit erreicht der ›reflexible man‹ eine Flexibilität eigener Art. Diese verdankt sich seiner Eigendrehung, keiner bloßen Anpassung an vermeintlich oder tatsächlich Gegebenes. Und diese Eigendrehung ist Ausdruck der Lernfähigkeit, die er als Potenzial in sich trägt « *(ebd.).*

Die einer solchen Achtsamkeit zugrundeliegende behutsame Beobachtung, vorsichtige Auslotung und zurückhaltende Beschreibung von Gegebenheiten, ohne diese im selben Moment zu beurteilen, kommen in der folgenden Geschichte zum Ausdruck:

DER ALTE MANN UND SEIN PFERD

In einem chinesischen Dorf lebte ein alter Mann, der ein wunderschönes weißes Pferd besaß. Darum beneideten ihn selbst Fürsten. Der Greis lebte in ärmlichen Verhältnissen, doch sein Pferd verkaufte er nicht, weil er es als seinen Freund betrachtete.

Als das Pferd eines Morgens verschwunden war, erzählte man sich im ganzen Dorf:

»Schon immer haben wir gewusst, dass dieses Pferd eines Tages gestohlen würde. Welch ein Unglück für diesen alten Mann!«

»So weit dürft ihr nicht gehen«, erwiderte der alte Mann. »Richtig ist, dass das Pferd nicht mehr in seinem Stall ist, alles andere ist Urteil. Niemand weiß, ob dies ein Unglück ist oder ein Segen.«

Nach zwei Wochen kehrte der Schimmel, der nur in die Wildnis ausgebrochen war, mit einer Schar wilder Pferde zurück.

»Du hast recht gehabt, alter Mann«, sprach das ganze Dorf, »es war ein Segen, kein Unglück!«

Darauf erwiderte der Greis: »Ihr geht wieder zu weit. Tatsache ist nur, dass das Pferd zurückgekehrt ist.«

Der alte Mann hatte einen Sohn, der nun mit diesen Pferden zu arbeiten begann. Doch bereits nach einigen Tagen stürzte er von einem Pferd und brach sich beide Beine.

Im Dorf sprach man nun: »Alter Mann, du hattest recht, es war ein Unglück, denn dein einziger Sohn, der dich im Alter versorgen könnte, kann nun seine Beine nicht mehr gebrauchen.«

Darauf antwortete der Mann: »Ihr geht wieder zu weit. Sagt doch einfach, dass sich mein Sohn die Beine gebrochen hat. Wer kann denn wissen, ob dies ein Unheil ist oder ein Segen?«

Bald darauf brach ein Krieg im Lande aus. Alle jungen Männer wurden in die Armee eingezogen. Einzig der Sohn des alten Mannes blieb daheim, weil er ein Krüppel war.

Die Bewohner des Dorfes meinten: »Der Unfall war ein Segen, du hattest recht.«

Darauf entgegnete der alte Mann: »Warum seid ihr vom Urteilen so besessen? Richtig ist nur, dass eure Söhne ins Heer eingezogen wurden, mein Sohn jedoch nicht. Ob dies ein Segen oder ein Unglück ist, wer weiß.«[4]

Achtsamkeit beschreibt eine nüchterne Form der Beobachtung (Motto: »Alles, was ist, ist: Das Pferd ist nicht im Stall!«), die ohne Beurteilung auszukommen vermag. Indem es Führungskräften immer besser gelingt, alte Gewissheiten, Identitäten und Kontrollgewohnheiten loszulassen, bewegen sie sich in einem beurteilungsfreien Modus, den Peter Senge und Kollegen als »letting come« beschreiben. In diesem Modus eines hell wachsamen und gelassenen Denkens, Fühlens und Handelns begreifen sich die Akteure selbst als Teile eines Wandlungsfeldes; ihr zentraler Fokus verändert sich von einer »recreating the past«-Haltung zu einer »realizing an emerging future«-Haltung (Senge et al. 2005, S. 14 f.). Letztlich befähigt sie diese Achtsamkeitshaltung dazu,

» *(…) die eigenen Denk- und Gefühlsprogramme (…) in ihrem Entstehen unmittelbar erkennen und möglichst genau beobachten zu können, wie diese dabei mitwirken, das Bild von der Wirklichkeit entstehen zu lassen, welches das eigene Denken, Fühlen und Handeln orientiert. (…) Es ist nämlich in Wahrheit wie verhext, da wir unsere bevorzugten Weisen, die Welt zu denken und zu fühlen, nicht einfach abstreifen können. Immer wieder setzt sich Bekanntes neu in Szene, in neuen Konstellationen begegnen uns ähnliche Gefühle und Ausweglosigkeiten, und es bleibt uns nichts anderes übrig, als zu diesen eine neue innere Beziehung aufzubauen. Wir müssen lernen, sie leidenschaftsloser wahrzunehmen und in einer fast experimentell-spielerischen Haltung mit ihnen umzugehen, wie man mit alten Bekannten,*

---

4 Verfügbar unter https://www.google.de/amp/s/hypersensibel.com/2018/03/09/der-alte-mann-und-sein-pferd/amp/ [29.10.2020].

denen wir allmählich zu sagen lernen, welchen Platz sie in unserem Leben in Zukunft einnehmen dürfen. Indem uns dies gelingt, übernehmen wir mehr und mehr die Regie in unserem Leben, und wir werden mit der Zeit fähig, uns unser Leben anders vorzustellen und es auch in anderer Form zu leben als als Kette einer nicht enden wollenden Wiederholung immer gleicher Denk- und Fühlsituationen « *(Arnold 2014, S. 31 f.).*

Zum Regisseur der eigenen Wahrnehmung zu werden beinhaltet auch eine autonome Haltung gegenüber dem, was man an sich heranlässt und was nicht. Achtsamkeit bedarf nicht nur einer gewissen Autonomie gegenüber den eigenen Denk- und Fühlroutinen, die uns das, was uns der Fall zu sein scheint und unsere Reaktionen leitet, wahrgibt[5], sie bedarf auch einer gewissen Zugeknöpftheit gegenüber den sich aufdrängenden Inanspruchnahmen durch das Außen. Oder wie es der nicht unumstrittene indische Bewusstseinsphilosoph Osho einmal ausdrückte: »Stille ist der Raum, in dem man erwacht« (Osho 2008, S. 11). Wenn man sich in dieser Stille darin übt zu verhindern, »dass der Verstand laufend plappert« (ebd.) und dadurch immer besser vermeiden kann, dass unsere »unbewussten Denkmuster zu unseren unbewussten Seinsmustern (werden)« (Dispenza 2016, S. 67), kann man allmählich zur Achtsamkeit und zu einem bewussten Umgang mit sich selbst und der Welt gelangen. Man ist dann nicht länger okkupiert und festgelegt durch die uns in uns selbst und durch andere begegnenden Mechanismen einer endlosen Wiederholung des Bekannten, sondern kann mehr und mehr »die Oberhand über die alten Denkmuster« (ebd., S. 71) gewinnen.

NICHTS TUN

Eines Tages machten der weise Gelehrte Konfuzius und seine Schüler eine Wanderung an einem Wasserfall entlang, der sich aus hundertfünfzig Metern Höhe nach unten stürzte. Der Schaum sprühte bis zu 60 Kilometer weit in die Umgebung. Keine Schildkröte, kein Fisch oder Krokodil konnten im tosenden Wasser manövrieren. Da sah die Gruppe zu ihrer Verwunderung einen alten Mann im brodelnden Wasser schwimmen. Es konnte nicht anders sein, als dass er in tödlicher Gefahr war. Der weise Gelehrte schickte sofort seine Schüler hin, um ihn zu retten. Als sie näher kamen, lief der Mann bereits

---

5 Dies ist ein Wortspiel des hypnosystemischen Therapeuten Gunther Schmidt, der mit dieser Wortschöpfung den konstruktiven Akt des Wahrnehmens genauer zu fassen suchte.

wieder singend am Ufer herum. Sein Haar war verweht und er genoss sichtbar die wundervolle Umgebung.

Konfuzius sprach ihn an und sagte: »Ich dachte, Sie seien ein Geist, doch nun sehe ich, dass Sie ein lebendiger Mensch sind. Darf ich fragen: Haben Sie vielleicht einen besonderen Trick, um sich in diesem wilden Wasser aufhalten zu können?« Der Mann antwortete: »Nein, einen besonderen Kunstgriff habe ich nicht. Ich habe es schon in meiner Jugend gelernt, es wurde zu meiner zweiten Natur, als ich aufwuchs. Nun ist der gute Ablauf so sicher wie das Schicksal: Ich springe hinein und tauche mit dem Wasserstrom mit in die Tiefe bis zum Mittelpunkt des Wirbels. Ich komme mit ihm nach oben, sobald es sich wieder in die andere Richtung bewegt. Ich folge dem Lauf des Wassers und tue nichts aus mir heraus, um dagegen anzukämpfen. Auf diese Weise komme ich hindurch.«

(Quelle unbekannt)

DER ENTSPANNTE BOGEN

Es heißt, dass der alte Apostel Johannes gern mit seinem zahmen Rebhuhn spielte.

Nun kam eines Tages ein Jäger zu ihm. Verwundert sah er, dass ein so angesehener Mann wie Johannes einfach spielte. Konnte der Apostel seine Zeit nicht mit viel Wichtigerem als mit einem Rebhuhn verbringen?

So frage er Johannes: »Warum vertust du deine Zeit mit Spielen? Warum wendest du deine Aufmerksamkeit einem nutzlosen Tier zu?«

Verwundert blickte Johannes auf. Er konnte gar nicht verstehen, warum er nicht mit dem Rebhuhn spielen sollte. Und so sprach er: »Weshalb ist der Bogen in deiner Hand nicht gespannt?«

Der Jäger antwortete: »Das darf nicht sein. Ein Bogen verliert seine Spannkraft, wenn er immer gespannt wäre. Er hätte dann, wenn ich einen Pfeil abschießen wollte, keine Kraft mehr. Und so würde ich natürlich das anvisierte Ziel nicht treffen können.«

Johannes sagte daraufhin: »Siehst du, so wie du deinen Bogen immer wieder entspannst, so müssen wir alle uns immer wieder entspannen und erholen. Wenn ich mich nicht entspannen würde, indem ich z. B. einfach ein wenig mit diesem – scheinbar so nutzlosen – Tier spiele, dann hätte ich bald keine Kraft mehr, all das zu tun, was notwendig ist. Nur so kann ich meine Ziele erreichen und das tun, was wirklich wichtig ist.«

(nach Lasko 1999, S. 55)

Kontrolle abzugeben, Stille zu üben und schweigen zu können markiert den Kern einer achtsamen Haltung. Indem es einer Führungskraft immer besser gelingt, vielsagend zu schweigen und sich mehr in einem beobachtenden als einem rasch beurteilenden und entschlossen schlussfolgernden Modus zu bewegen, öffnet sie sich gegenüber Neuem, d. h. neuen Lesarten altvertrauter Gemengelagen sowie einer adäquateren bzw. vielfältigeren Deutung dessen, was sich verändert oder vielleicht bereits von Anfang an ganz anders gewesen ist, als wir meinten. Eine Führungskraft, die sich in dieser Weise zu bewegen weiß, führt auch Mitarbeiter- oder Konfliktgespräche in anderer Form: vielsagend schweigend statt entschlossen klärend.

Anregungen zur Übung des vielsagenden Schweigens

	Ich bin in der Lage,	– –	–	+	+ +
Fokussierung der eigenen Rede	... gut vorbereitet, mit wenigen Worten meine Position und meine Erwartungen klar zu artikulieren und mich dabei auf das Wichtige zu konzentrieren.				
	... ohne Umschweife zum Punkt zu gelangen.				
Optimierung der nonverbalen Beiträge	... durch meinen Blick, meine Gesten und meine Haltung das Gegenüber zum Gedankenaustausch einzuladen und zu ermutigen.				
	... durch meine Mimik und Gestik Wertschätzung zu signalisieren und Menschen zu integrieren.				
Wege eines gezielten Lauschens	... Gespräche so zu moderieren, dass ich echtes Interesse an den Fragen, Einschätzungen und Erwartungen des Gegenübers ausdrücke.				
	... andere ausreichend zu Wort kommen zu lassen, ohne selbst mit meiner Rede zu dominieren.				
	... illustrieren und klären zu lassen, ohne zu kommentieren oder zu ratschlagen.				
Techniken eines wertschätzenden Nachfragens	... immer wieder interessiert nachzufragen, um die Bedürfnisse des anderen genauer zu verstehen.				
	... durch Nachfragen den anderen überhaupt erst zur offenen Rede zu motivieren.				

Tafel 2: Vielsagend schweigen können (Arnold 2014, S. 231)

Wir werden erst achtsam und bewusst im Umgang mit dem, wie sich uns Wirklichkeiten und Möglichkeiten zeigen bzw. zeigen »dürfen«, wenn wir häufiger vielsagend schweigen können. Wer »von der Zukunft her« (Scharmer et al. 2009a) und nicht geleitet von den zufälligen Inanspruchnahmen durch innere und äußere Impulse führen will, der muss sich gut überlegen, für wen und was er sich in welcher Breite zur Verfügung stellt und ob es möglich ist, sich durch fokussierte und dosierte Artikulation enger mit der Resonanz des jeweiligen Gegenübersystems in Verbindung zu bringen. Bei dieser Bewegung hin zu einer still beobachtenden Selbstreflexion und Gelassenheit kann es durchaus hilfreich sein, sich zunächst auch einmal »die drei Siebe des Sokrates« zu eigen zu machen, die in der folgenden Geschichte beschrieben werden:

DIE DREI SIEBE DES SOKRATES

Zum weisen Sokrates kam einer gelaufen und sagte: »Höre, Sokrates, das muss ich dir erzählen!«

»Halte ein!«, unterbrach ihn der Weise, »hast du das, was du mir sagen willst, durch die drei Siebe gesiebt?«

»Drei Siebe?«, fragte der andere voller Verwunderung.

»Ja, guter Freund! Lass sehen, ob das, was du mir sagen willst, durch die drei Siebe hindurchgeht: Das erste ist die Wahrheit. Hast du alles, was du mir erzählen willst, geprüft, ob es wahr ist?«

»Nein, ich hörte es erzählen und ...«

»So, so! Aber sicher hast du es im zweiten Sieb geprüft. Es ist das Sieb der Güte. Ist das, was du mir erzählen willst, gut?«

Zögernd sagte der andere: »Nein, im Gegenteil ...«

»Hm«, unterbrach ihn der Weise, »so lasst uns auch das dritte Sieb noch anwenden. Ist es notwendig, dass du mir das erzählst?«

»Notwendig nun gerade nicht ...«

»Also, sagte lächelnd der Weise, »wenn es weder wahr noch gut noch notwendig ist, so lass es begraben sein und belaste dich und mich nicht damit.«

(nach Hecker 2012, S. 126)

Führungskräfte können sich in ihrer eigenen Entwicklung darin üben, sich zunehmend weniger von dem lauten Plappern eingespurter Denk- und

Wahrnehmungsmuster – bei sich selbst und anderen – beeinflussen zu lassen. Sie kennen »ihre – inneren – Pappenheimer«, könnte man sagen. Und indem sie lernen, diesen keinen Raum mehr zu geben, werden sie mehr und mehr zu Experten einer angewandten Erkenntnistheorie.

Dekontaminierungsdusche: Selbsteinschließende Beobachtung	
Erwartungserwartung (sensu Luhmann)	Was erwarte ich vom Gegenstand/Gegenüber? Welche meiner Hypothesen sind Ausdruck gewohnheitsmäßiger Vermutungen? Inwieweit unterstellen meine Hypothesen dem Gegenübersystem bereits bestimmte Erwartungen?
Nichtreaktivität	Gebe ich dem Gegenübersystem ausreichend Zeit, sich in dem, was es eigentlich meint, zu zeigen? Sind meine Interpretationen vorschnelle Reaktionen, mit denen ich das Beobachtete einschränke und festlege?
Transformation	Welche Veränderungen kann ich bereits erreichen, indem ich in anderer Weise fokussiere und interpretiere? Welchen Beitrag leistet meine Interpretation zur Veränderung dessen, was sich zeigt?
Zirkularität	Berücksichtigt meine Beobachtung in ausreichendem Maße zirkuläre Wechselwirkungen? Zoomt mein beobachtender Blick auf die Zusammenhänge, deren Wechselwirkungen das Beobachtete ausdrückt?
Unterschiedserprobung	Gehe ich bewusst in den Unterschied, indem ich nach ganz anderen Lesarten und Erklärungen der Zusammenhänge suche? Freunde ich mich mit dem Unterschied an?
Gewissheitsvermeidung	Kämpfe ich um die Wahrheit oder trage ich Sorge um die Vielfalt und Tragfähigkeit der möglichen Bedeutungen? Gehe ich wertschätzend mit Kritikern um, indem ich anerkenne, dass auch sie recht haben können?

Tafel 3: Fragen einer selbsteinschließenden Reflexion des Beobachters (nach Arnold 2018a, S. 102 f.)

»Epistemologie« (= Erkenntnistheorie) lautet der Fachbegriff zur Kennzeichnung einer im Sinne der angewandten Erkenntnistheorie auf sich selbst zurückweisenden Fokussierung, welche dem Hinweis von Francisco Varela folgt: »Wir erkennen vieles, aber wir erkennen nicht, wie wir erkennen. Das ist der Haken« (Varela, Thompson u. Rosch 1992, S. 57). Um dieses Manko auszugleichen, rückten Varela und Kollegen eine reflexive Annäherungsweise an die Außen- und Gegenüberwelt in den Blick, wie sie der buddhistischen Philosophie sehr vertraut ist. Die leitende Frage einer solchen »selbsteinschließenden« – weil nicht die Welt, sondern die eigene Sicht auf die Welt fokussierenden – Bewegung ist dabei die nach der eigenen Erinnerung, welche das erlebte, beobachtete und beurteilte Geschehen dem Verantwortlichen (Führungskraft, Begleiter, Berater etc.) selbst – über sich! – in Erinnerung ruft, um dieses gewissermaßen von dem, was einem der Fall zu sein scheint, »in Abzug zu bringen« (Arnold 2019a, S. 117). Einer Klärung dieser Frage kann man mithilfe der »Dekontaminierungsdusche« (s. Tafel 3) näherkommen.

Francisco Varela und Kollegen gingen davon aus, dass sich unser Gehirn mehr oder weniger diszipliniert auf die Außenwelt bezieht und mit dieser verbindet. Für Varela arbeitet das menschliche Gehirn als »Hauptquelle von Metaphern und Ideen« (Varela et al. 1992, S. 15). Dies bedeutet, dass sich in hohem Maße Eigenes – eigene Erfahrungen, Erinnerungen, Befürchtungen usw. – einmischen, während wir vermeintlich nüchtern auf die Welt blicken, die uns umgibt, uns herausfordert oder bedrängt. Der bosnische Schriftsteller Karahasan hat diese Selbstverbundenheit dessen, was uns im Außen so und nicht anders gegeben erscheint, in seinem Roman *Sarajevo. Exodus of a City* folgendermaßen beschrieben:

> »*Why do we see so much better with the eyes of memory than we do in reality my God? Why do we feel more clearly with our memory than our senses?*« *(Karahasan 2010, S. 41)*

Die eigenen Erfahrungen verfestigen mehr und mehr die eingespurten synaptischen Verbindungen und ergeben letztlich die Strukturbesonderheiten unseres kognitiv-emotionalen Systems. Dieses reagiert bzw. räsoniert bei Einwirkungen und Eindrücken so, wie es dies tut bzw. kann. Dabei emergieren Muster der Deutung und Gestaltung von Welt, d. h., sie brechen spontan als Metaphern und Ideen auf und kanalisieren unsere Sinneseindrücke, indem sie dafür sorgen, dass unsere innere Welt weitgehend so bleiben »darf«, wie sie ist.

Varela und Kollegen sprechen in diesem Zusammenhang von »neuronaler Emergenz« (Varela et al. 1992, S. 133 ff.). Sie beschreiben mit dieser Bezeichnung einen Prozess, in dessen Verlauf z. B. visuelle Reize »auf wesentlich stärkere Aktivitäten, die von der Großhirnrinde ausgehen, (treffen)« (ebd., S. 136). So entsteht unser Eindruck von dem, was wir für wahr halten, im Zuge einer »Emergenz eines globalen Zustandes zwischen in Resonanz stehenden neuronalen Ensembles« (ebd., S. 136 f.). Dabei ist die sogenannte hebbsche Lernregel wirksam (vgl. Hebb 2002), welche kurz gefasst besagt, dass die gewachsenen synaptischen Verbindungen stets dann – gewissermaßen auch ungefragt – »feuern«, wenn Teile dieser Verbindungen durch ein scheinbar passendes Erleben angesprochen werden (»What wires together fires together«). Dieser Wirkungsmechanismus erklärt nicht nur das Fortdauern traumatischer Eindrücke in späteren Lebenslagen, er beschreibt auch die wohl generelle Gegebenheit, dass wir das Aktuelle stets bloß zu den in unseren Synapsen abgespeicherten Bedingungen der ersten ähnlichen Erlebnisse verstehen können. Es ist deshalb durchaus passend, wenn Varela und Kollegen in diesem Zusammenhang davon sprechen, dass unsere kognitiven Aktivitäten

> » *eher an das Stimmengewirr auf einer Cocktailparty als an eine Befehlskette (erinnern)* « *(Varela et al. 1992, S. 136)*

Selbsteinschließende Reflexion sowie achtsame und agile Führung sind deshalb als Versuch zu werten, das im Beobachter jeweils ausbrechende innere Stimmengewirr zu »entwirren« bzw. ganz zum Schweigen zu bringen, um in der kontemplativen Ruhe unserer inneren Stimme der Intuition und der Vielfalt der – bislang ungenutzten – Möglichkeiten Gehör zu verschaffen.

In der Führungsforschung ist die Fortwirkung früh gestifteter innerer Bilder recht ausführlich untersucht worden. Zu erwähnen sind in diesem Zusammenhang insbesondere die führungspsychologischen Untersuchungen von Kets du Vries (geb. 1942), Führungsforscher und Psychoanalytiker aus den Niederlanden. In seinem Buch *Führer, Narren und Hochstapler. Die Psychologie der Führung* spürt Kets du Vries der frühen Anbahnung und Verankerung der inneren Bilder von Führen und Geführtwerden nach:

> » *Das Maß an Ermutigung und Frustration, das Kinder erfahren, während sie sich entwickeln und die Grenzen ihrer Persönlichkeit zu testen beginnen, übt einen dauerhaften Einfluss auf ihre Selbst- und Fremdwahrnehmung sowie auf die Beziehungen aus, die sie im Laufe ihres späteren Lebens eingehen werden. Jede Unausgewogenheit zwischen ihren Gefühlen der Hilflosigkeit und dem Maß an schützender Fürsorge, das sie von ihren Eltern empfangen, wird als psychische Verletzung empfunden. Unangemessene Frustrationen seitens der Umgebung oder eine unzulängliche Fähigkeit, Regeln zu respektieren, verstärken das natürliche Ohnmachtsgefühl des Kindes, sodass es im Allgemeinen mit Wut, Rachewünschen, mit einem Hunger nach persönlicher Macht und kompensatorischen Omnipotenzfantasien reagieren wird. Diese Dynamik bleibt während des gesamten Lebens erhalten, und wenn sie im Laufe der Entwicklung nicht angemessen bewältigt werden kann, wird sie wahrscheinlich – mit verheerenden Folgen – erneut aktiviert, wenn ein solcher Mensch in Führungspositionen gelangt und das Machtspiel zu spielen lernt* « *(Kets du Vries 2004, S. 41).*

Dieser tiefe Blick auf die nachhaltige Wirkung früh verankerter innerer Bilder verdeutlicht, worum es einer achtsamen Führung im Kern geht: Es geht um die (Selbst-)Einsicht, dass unsere eigenen Beobachtungen und Beurteilungen, mit denen wir die Welt deuten, nicht allein deshalb zutreffend und angemessen sind, weil wir es sind, die über sie verfügen. Dieser Schritt erfordert die Bereitschaft zur nüchternen Einsicht in die Funktionsmechanismen unserer Wahrnehmung und den Mut, die sich aus ihr für uns ergebenden Sichtweisen und Formeln hinter uns zu lassen. Insbesondere die Formelhaftigkeit unserer Erfahrung macht es uns dabei schwer, uns von den Einflüsterungen und Gewissheiten aus unserem Inneren wirklich zu lösen. Mit Formeln bringen wir unsere gefühlte Welt auf den Begriff. Wir erklären uns und anderen die Welt dabei mit den naheliegenden Versprachlichungen (z. B. Redensarten), welche die Gemeinschaft, in die wir hineingewachsen sind und in der wir leben, für uns bereithält. Nur selten wird uns bewusst, dass die Begriffe, deren wir uns dabei bedienen, ihre eigenen Assoziationsfelder mit sich herumschleppen, die unseren Ausdruck in vorbereitete Formen lenken und unser Denken festlegen. Der amerikanische Therapeut Steve de Shazer bedient sich deshalb im Rahmen seiner lösungsorientierten Verfahren ganz bewusst einer anderen Sprache; oftmals – so seine Erfahrung – rückt bereits eine andere Beschreibung des Bisherigen (meist Leidvollen) dieses in ein neues Licht (vgl. de Shazer 2006). Seine Verfahren der Problemlösung folgen einer theorielosen Perspektive,

> » *(...) nicht Problemmuster, sondern lösungsverhindernde Muster bei Patienten zu finden und erfolgreich zu beheben (if it does not work, do something different). (...) Dabei begannen sich die Therapeuten immer mehr für vorhandene, funktionierende Lösungsansätze im Leben ihrer Klienten zu interessieren, statt sich auf lösungsverhindernde Muster zu konzentrieren (find out what works and do more of it). Überrascht durch die eigenen Erfolge, lernten sie vornehmlich aus der Weiterentwicklung durch praktische Beobachtung und fingen bald an, alle bestehenden theoretischen Erklärungen über Bord zu werfen. Sie schlossen sich einer ›Theorie der Theorielosigkeit‹ an, um dem eigenen forschenden Weiterlernen nicht im Wege zu stehen.*
>
> *Es entwickelte sich zusehends eine neue Vorgehensweise und eine intensive Auseinandersetzung mit der Bedeutsamkeit von Sprache bei therapeutischen Heilerfolgen. Dem Team fiel auf, dass sich Klienten unterschiedlich verhielten, je nachdem, ob sie von Schwierigkeiten und Hindernissen oder von ihren Wünschen und Zielen erzählten. So entstand die konzeptuelle Unterscheidung von Problemsprache und Lösungssprache in therapeutischen Gesprächen, und das Team beobachtete, dass sich ein höherer Anteil an Lösungssprache (und anstehenden Lösungsfragen) positiv auf den Therapieerfolg auszuwirken schien.*
>
> *›There is no connection whatsoever between the problem and the solution.‹ Mit dieser Annahme erschütterte Steve de Shazer alle bisherigen Konstruktionen von hilfreichen therapeutischen Gesprächen: Die Analyse der Probleme und die Behebung der Ursachen als unabdingbare Voraussetzung für eine nachhaltige Lösung waren plötzlich in Frage gestellt. Zu dieser Aussage war es gekommen, als de Shazer mit einer Familie gearbeitet hatte, von der er auf die Frage nach dem Grund für die Probleme*

27 unterschiedliche Antworten erhielt. Natürlich hätte die Analyse und Bearbeitung der zugrunde liegenden 27 Ursachen viel Zeit und Energie gekostet, und schlimmstenfalls wären in der Zwischenzeit neue Probleme aufgetaucht. So schlug de Shazer in seinem Bestreben nach Einfachheit und Reduktion vor, die Familie solle sich einfach beobachten und das nächste Mal darüber berichten, was alles okay sei, sodass sie es weiter behalten wollte. Das nächste Mal, als die Familie erschien, hatte sie das Gefühl, ihre Probleme seien gelöst. Entgegen der herrschenden Lehrmeinung war dazu weder die Bearbeitung der Probleme noch der lösungsverhindernden Muster nötig. Offenbar hatte es genügt, dass die Familie bei der gegenseitigen Beobachtung vermehrt darauf achtete, was im alltäglichen Zusammenleben okay war « *(Szabó 2009).*

Wir beginnen mehr und mehr zu verstehen, dass es diese Arbeit an der Oberfläche des Ausdrucks ist, welche auch andere emotionale Dimensionen zu entfalten und uns zur allmählichen Auflösung der Verhakungen, Verwechslungen und Muster zu führen vermag, die uns im Alten festhalten. Gleichzeitig entwickelt sich gerade in den modernen Lerngesellschaften die Fähigkeit, die eigene Geschichte des Gewordenseins zu verstehen, zu reflektieren und auch neu erzählen zu können, zu einer zentralen Selbststeuerungskompetenz des modernen Menschen. Dieser bleibt zwar nach wie vor Ergebnis und Ausdruck seines biografischen Erlebens, er kann dieses aber ergänzen, erweitern und auch verändern, um z. B. bislang verborgene Ressourcen der eigenen Person zu entdecken und bewusster zu nutzen.

Der Erziehungswissenschaftler und Soziologe Peter Alheit (geb. 1943) spricht in diesem Zusammenhang von der »Biografizität« und beschreibt damit eine Fähigkeit,

» *moderne Wissensbestände an biografische Sinnressourcen anzuschließen und sich mit diesem Wissen neu zu assoziieren* « *(Alheit 1995, S. 292).*

Dabei kann es einem auch gelingen, das ambivalente Ja-aber – in der eigenen Weise, sich selbst und das Leben zu spüren – zu entdecken und hinter sich zu lassen oder dieses zumindest zu einem Ja-und zu verändern.

WIE VIEL WIEGT DAS LEBEN?

Ein Schüler kam zu einem weisen Mann.

»Herr«, sprach er mit schleppender Stimme. »Das Leben liegt wie eine Last auf meinen Schultern. Es drückt mich zu Boden und ich habe das Gefühl, unter dem Gewicht zusammenzubrechen.«

»Mein Sohn«, sagte der Alte mit einem liebevollen Lächeln, »das Leben ist leicht wie eine Feder.«

»Herr, bei aller Demut, aber hier musst du irren. Denn ich spüre mein Leben wie eine Last von tausend Pfund auf mir. Sag, was kann ich tun?«

»Wir sind es selbst, die uns die Last auf unsere Schultern laden«, sagte der Alte, immer noch milde lächelnd.

»Aber ...«, wollte der Junge einwenden.

Der alte Mann hob die Hand: »Dieses ›Aber‹, mein Sohn, wiegt allein schon tausend Pfund.«[6]

Die eigene Biografiekompetenz erweitert man in Situationen, in denen man sich den prägenden Erfahrungen (z. B. der Atmosphäre des eigenen Kinderzimmers) und den signifikanten Bezugspersonen gezielt zuwendet, um das Erlebte nochmals neu zu durchspüren. Dadurch kann es uns gelingen, bisherige Festlegungen und starre Muster aufzulösen – z. B. durch die tiefe Einsicht, dass diese dereinst so waren, wie sie gewesen sind, und vielleicht auch wichtige Unterstützung geleistet haben, für die es aber jetzt keinen Bedarf mehr gibt, weshalb eine neue Sicht der Dinge, ein Umdeuten oder gar eine neue Form des Umgangs erprobt und geübt werden »dürfen« – ein Schritt, zu dem die Akteure sich bloß selbst die Erlaubnis geben können. Dieser Schritt erfolgt aus einer Achtsamkeit in eigener Sache: Wir erkennen sowohl unsere Festlegungen als auch die hinter diesen lauernden Eintrübungen unseres Routine-Ichs – sind aber in der Lage, beidem letztlich auszuweichen.

Dieser Weg in die eigene Achtsamkeit ist mit Kränkungen gepflastert. Denen möchten wir uns meist nicht wirklich stellen, erkennen aber, dass kein Weg an ihnen vorbeiführt, wenn wir nicht im Repeat-Modus verharren wollen, um zu bleiben, wie wir sind. Diese Kränkungen sind:

1. Die erste Kränkung ist die ernüchternde Einsicht, dass es kein sicheres Wissen und schon gar kein Bescheidwissen geben kann. Was uns Ludwig

6 Verfügbar unter https://www.recordare.de/kurzgeschichten/wie-viel-wiegt-das-Leben [29.10.2020].

Wittgenstein über die Gewissheit lehrt, ist verpflichtend: »Dass es mir so scheint, heißt nicht, dass es so ist!« (Wittgenstein 1984). Wir haben in den wirklich grundlegenden Fragen der eigenen Identität und des sozialen Handelns keinen Zugang zu dem, wie die Gegebenheiten tatsächlich sind. Dies gilt insbesondere für die Bezeichnung von Ursachen einer (im Gegenüber) beobachteten Wirkung. Alles, was uns da der Fall zu sein scheint, verdampft an dem Faktum der Rückverwiesenheit unserer Erkenntnis auf sich selbst (»Selbstreferenzialität«) sowie an der »operationalen Geschlossenheit« unserer kognitiv-emotionalen Prozesse:

> *Es gibt keinen direkten Zugang für das System in seine Umwelten oder von den Umwelten ins System. Keine Möglichkeit eines Erkennens, indem in die Umwelten hinausgegriffen wird. (...) Auf das Gehirn bezogen bedeutet dies, dass Reize – und gemeint sind hier beispielsweise Reize aus der Umwelt (Maturana nennt sie Perturbationen, Simon spricht von Irritationen) – nicht als Störgrößen, sondern als Auslöser für interne Prozesse verstanden werden müssen, die für die genannte Weiterentwicklung des Systems sorgen. Sie gewährleisten die Stabilität des Geschehens auf neuronaler Ebene in dem Sinne, dass das Gehirn auf diese Störungen mit einer Modifikation der internen Gegebenheiten reagiert und auf diese Weise über die Erzeugung elektrophysikalischer Strukturen sein Gleichgewicht wiederherstellt* (Dägling 2008, S. 32 u. 34).

Wir sind deshalb als achtsame Führungskräfte gut beraten, darauf hinzuarbeiten, dass es uns gelingt, uns von den spontanen Eindrücken zu lösen, die uns eine Situation oder Verhaltensweise als plausibel und gerechtfertigt erscheinen lassen. Solange wir nämlich durch unsere Erfahrungen auf das Neue blicken, kann sich uns dieses nur in den alten Bildern und in den Farbtönen zeigen, die wir bereits kennen und beständig anwenden. Dieses Neue mag dabei bedrängend oder gar gefährdend sein, es ist aber die Art, wie wir es uns »ausmalen«, ob wir dabei alte Emotionen triggern oder neue Formen des Umgangs üben.

2. Die zweite Kränkung entspringt der wirklich vollständigen Lösung von Ursachen- und Schuldzuschreibungen. Wenn es stimmt, dass unsere »Eindrücke« von einer Gegebenheit oder den Akteuren sich überwiegend aus eigenen Erfahrungen »speisen«, dann können wir nicht länger

weitermachen wie bisher, sondern müssen lernen, unserer Wahrnehmung produktiv zu misstrauen. Denn wer an Ursachenklärungen und Schuldzuschreibungen festhält und beständig irgendetwas im Außen für das eigene Leiden verantwortlich macht, bewegt sich auf einem Kreuzzug, nicht in einer Klärungsbewegung. Und die Effekte eines solchen inneren Kreuzzug-Zwanges sind bekannt: Man findet beständig im Außen Projektionsflächen, die in Schuldhaftung genommen werden können ... bedauerlicherweise sind es meist die uns nahen bzw. erreichbaren Menschen – nicht bloß Partnerinnen und Partner, auch Nachbarn eignen sich dafür, wie die bekannten Geschichte mit dem Hammer von Paul Watzlawick verdeutlicht:

DER HAMMER

Ein Mann will ein Bild aufhängen. Den Nagel hat er, aber nicht den Hammer. Der Nachbar hat einen, das weiß er. Also beschließt er, hinüberzugehen und sich beim Nachbarn dessen Hammer auszuborgen. Doch während er dies erwägt, kommen ihm Zweifel: Was, wenn ihm der Nachbar den Hammer nicht leihen will?

»Gestern schon grüßte er mich nur flüchtig«, dachte er, »vielleicht war er in Eile. Aber vielleicht war die Eile nur vorgeschützt, und er hat etwas gegen mich. Und was? Ich habe ihm nichts angetan, der bildet sich da etwas ein. Wenn jemand von mir ein Werkzeug borgen wollte, ich gäbe es ihm sofort. Und warum er nicht? Wie kann man einem Menschen einen so einfachen Gefallen abschlagen? Leute wie dieser Kerl vergiften einem das Leben. Und dann bildet er sich noch ein, ich sei auf ihn angewiesen. Bloß weil er einen Hammer hat. Jetzt reicht's mir wirklich!«

Und so stürmt er hinüber, läutet, der Nachbar öffnet, doch noch bevor er überhaupt »Guten Tag« sagen kann, schreit ihn unser Mann an: »Dann behalten Sie Ihren Hammer doch, Sie Blödian!«[7]

3. Die dritte Kränkung schließlich ist fundamental; sie betrifft unsere grundlegende Haltung gegenüber den uns eigenen Formen der Wahrnehmung. Die alles entscheidende Frage ist in diesem Zusammenhang, ob es uns im Alltag immer besser gelingt, uns in Interaktionen tatsächlich so zu verhalten, dass unsere Reaktionen glaubwürdig spürbar eine Relativierung unserer eigenen Wahrnehmung ausdrücken. Diese liefert uns nämlich kein

7 Watzlawick 2009; hier zit. nach www.engelbrecht-media.de/s_der_hammer.html [16.11.2020].

objektives Bild vom Gegenüber, sondern wiederbelebt in uns frühe Erinnerungen und routinisierte Erfahrungen. Deshalb können wir das Gegenüber bloß so sehen, »wie wir selbst sind« (Talmud). Um dieser Gegebenheit Rechnung zu tragen, bedarf es neuer – achtsamerer – Formen des Ausdrucks und der Bezeichnung. Diese verweisen uns auf eine neue Sprache, mit deren Hilfe uns gelingen kann, was Heinz von Foerster sich wünschte:

>> *Ich möchte lernen, meine Sprache so zu beherrschen, dass Ethik, ganz gleich, ob es um Politik, Wissenschaft, Poesie oder was auch immer geht, implizit bleibt und es mir gelingt, die eigene Person stets als Bezugsquelle meiner jeweiligen Beobachtungen sichtbar zu machen. Ich würde gerne eine Sprache oder eine Form der Kommunikation erfinden (…), die etwas in einem anderen auslöst, sodass der Verweis auf eine Außenwelt oder die Wirklichkeit und ein ›Es ist …‹ nicht mehr notwendig sind; diese Referenzen werden dann, so stelle ich mir vor, einfach nicht mehr gebraucht* << *(von Foerster, zit. nach Pörksen 2008, S. 26).*

Mit diesen Hinweisen markierte Heinz von Foerster (1911–2002) die dritte Achtsamkeitsstufe des Denkens, Fühlens und Handelns in wechselseitig stets projektiven Interaktionen. Diese fällt uns in aller Regel besonders schwer, da wir bevorzugt ursachenfixiert klären und die Identifizierung eines Schuldigen oder einer Schuldigen zumindest das Gefühl erzeugt, die Dinge seien geklärt. Als Faustregel lässt sich dabei davon ausgehen, dass diese Ursachenzuschreibung umso fragwürdiger und einer wirklichen Klärung eher ausweichend ist, je emotionaler und entschiedener wir sie vertreten oder dem Gegenüber zubrüllen. Indem wir Schuld abladen oder gar im Vorwurf verweilen, können wir so bleiben, wie wir gerne sind (oder zu sein meinen), und auch jeglicher Selbstreflexion ausweichen. »Was im Innen nicht ist, darf auch im Außen nicht sein!«, sagen die Systemiker, und sie verweisen dadurch nachdrücklich darauf, dass jeder Vorwurf ein Ausweichen vor einem weiterhin anstehenden »inner job« ist, um die Konflikte dort zu klären, wo diese ihren tiefen Ursprung in der Resonanz unserer eigenen Strukturbesonderheiten haben. Deshalb kann man die Regel aufstellen:

»Je emotionalisierter und auswegloser die Lage erscheint, desto dringlicher wird die Verantwortungsübernahme, die Entlastung des projektiv in Anspruch genommenen Gegenübers und die Hinwendung zu einem Inside-Job (Integration und Versöhnung des Widerstreitenden in der eigenen Seele, nicht in der im Außen geschaffenen Rekonstellierung)« (Arnold 2019a, S. 124).

Erst nach der erfolgreichen Erledigung dieses »inner jobs« können wir die drei Stufen der Achtsamkeit weiter hinaufschreiten (s. Tafel 4).
Wenn es uns nicht gelingt, diese Kränkungen auf dem Weg zur Achtsamkeit tatsächlich zu überwinden, bleiben wir in dem, was wir sehen und für möglich halten, einer Vergangenheit verpflichtet, die nicht mehr existiert. Wir übersehen dadurch, dass die Ketten, die uns festzuhalten scheinen, äußerst wirksame Begrenzungen etablieren, obgleich diese bloß in unserem Kopf fortexistieren, wie die Geschichte des angeketteten Elefanten von Jorge Bucay zeigt:

DER ANGEKETTETE ELEFANT

Als ich ein kleiner Junge war, war ich vollkommen vom Zirkus fasziniert, und am meisten gefielen mir die Tiere. Vor allem der Elefant hatte es mir angetan. Wie ich später erfuhr, ist er das Lieblingstier vieler Kinder. Während der Zirkusvorstellung stellte das riesige Tier sein ungeheures Gewicht, seine eindrucksvolle Größe und seine Kraft zur Schau. Nach der Vorstellung aber und auch in der Zeit bis kurz vor seinem Auftritt blieb der Elefant immer am Fuß an einen kleinen Pflock angekettet.

Der Pflock war allerdings nichts weiter als ein winziges Stück Holz, das kaum ein paar Zentimeter tief in der Erde steckte. Und obwohl die Kette mächtig und schwer war, stand für mich ganz außer Zweifel, dass ein Tier, das die Kraft hatte, einen Baum mitsamt der Wurzel auszureißen, sich mit Leichtigkeit von einem solchen Pflock befreien und fliehen konnte.

Dieses Rätsel beschäftigt mich bis heute. Was hält ihn zurück? Warum macht er sich nicht auf und davon?

Als Sechs- oder Siebenjähriger vertraute ich noch auf die Weisheit der Erwachsenen. Also fragte ich einen Lehrer, einen Vater oder Onkel nach dem Rätsel des Elefanten. Einer von ihnen erklärte mir, der Elefant mache sich nicht aus dem Staub, weil er dressiert sei.

Meine nächste Frage lag auf der Hand: »Und wenn er dressiert ist, warum muss er dann noch angekettet werden?«

Die drei Stufen der Achtsamkeit auf dem Weg zur Transformation der eigenen Führungspersönlichkeit			
	▸ ▸ ▸	**Stufe 3:** Übung einer neuen – achtsameren – Sprache, mit der es gelingt, »die eigene Person stets als Bezugsquelle meiner jeweiligen Beurteilungen sichtbar zu machen« (von Foerster)	***Transformation*** *Übung einer veränderten Art, das Erlebte auf den Punkt bzw. auf den Begriff zu bringen, indem wir z. B. zu anderen – offenlassenden und tastenden – Formen des Ausdrucks greifen, die weniger indikativisch sind (»Es ist so, dass …«), tastend statt bereits wissend (»Mir scheint es, dass …«) oder nachfragend (»Verstehe ich dies richtig, wenn …«)*
▸ ▸ ▸	**Stufe 2:** Nachspüren der Frage, an welche eigenen Erlebnisse, Erfahrungen und Gefühle die jeweilige Gegenübersituation uns über uns selbst erinnert	***Reflexion*** *Wir können der vom Gegenüber gemeinten Bedeutung nur näherkommen, wenn wir uns darin geübt haben, die eigenen Farbgebungen an dem Wahrgenommenen zu erkennen, als eigene Formen der Aufbereitung bzw. Akzentuierung des Geschehens zu verstehen und beides gewissermaßen von dem Eindruck, der sich in uns entwickelt, in Abzug zu bringen.*	
Stufe 1: Wissen um die in unserer Wahrnehmung sich einmischenden Wirkmechanismen des Kognitiven und Emotionalen	***Erkenntnis*** *Als aufgeklärter Mensch kann man sich nicht länger dem Sachverhalt gegenüber verschließen, dass die von der Kognitions- und Emotionsforschung aufgedeckten Funktionsmechanismen auch für unseren eigenen Umgang mit der Wirklichkeit gelten. Dies gilt insbesondere für die Tatsache, dass unsere Eindrücke von der Realität weitgehend unseren eigenen vorbereiteten Erfahrungsmustern entstammen, mit deren Hilfe wir das, was uns begegnet, scannen und ergänzen und ihm die Bedeutung zuschreiben, die wir auszuhalten vermögen.*		

Tafel 4: Stufen der Achtsamkeit

Ich erinnere mich nicht, je eine schlüssige Antwort darauf bekommen zu haben.

Mit der Zeit vergaß ich das Rätsel um den angeketteten Elefanten und erinnerte mich nur dann wieder daran, wenn ich auf andere Menschen traf, die sich dieselbe Frage irgendwann auch schon einmal gestellt hatten. Vor einigen Jahren fand ich heraus, dass zu meinem Glück doch schon jemand weise genug gewesen war, die Antwort auf die Frage zu finden: Der Zirkuselefant flieht nicht, weil er schon seit frühester Kindheit an einen solchen Pflock gekettet ist.

Ich schloss die Augen und stellte mir den wehrlosen neugeborenen Elefanten am Pflock vor. Ich war mir sicher, dass er in diesem Moment schubst, zieht und schwitzt und sich zu befreien versucht. Und trotz aller Anstrengung gelingt es ihm nicht, weil dieser Pflock zu fest in der Erde steckt. Ich stellte mir vor, dass er erschöpft einschläft und es am nächsten Tag gleich wieder probiert, und am nächsten Tag wieder, und am nächsten ... Bis eines Tages, eines für seine Zukunft verhängnisvollen Tages, das Tier seine Ohnmacht akzeptiert und sich in sein Schicksal fügt. Dieser riesige, mächtige Elefant, den wir aus dem Zirkus kennen, flieht nicht, weil der Ärmste glaubt, dass er es nicht kann. Allzu tief hat sich die Erinnerung daran, wie ohnmächtig er sich kurz nach seiner Geburt gefühlt hat, in sein Gedächtnis eingebrannt. Und das Schlimme dabei ist, dass er diese Erinnerung nie wieder ernsthaft hinterfragt hat. Nie wieder hat er versucht, seine Kraft auf die Probe zu stellen.

(Bucay 2007, S. 7–10)

Die Bedeutung der Achtsamkeit im Sinne eines anderen Umgangs mit dem Gegenüber wird auch in folgender Geschichte deutlich, die uns zugleich die Grenzen eines insistierenden, beurteilenden und auf der Basis unserer Urteile intervenierenden Ansatzes anschaulich vor Augen führt:

DIE SCHILDKRÖTE

Ein kleiner Junge, der zu Besuch bei seinem Großvater war, fand eine kleine Landschildkröte und ging gleich daran, sie zu untersuchen. Im gleichen Moment zog sich die Schildkröte in ihren Panzer zurück, und der Junge versuchte vergebens, sie mit dem Stöckchen herauszuholen.

Der Großvater hatte ihm zugesehen und hinderte ihn, das Tier weiter zu quälen.

»Das ist falsch«, sagte er, »komm, ich zeige dir, wie man das macht.«

Er nahm die Schildkröte mit ins Haus und setzte sie auf den warmen

> Kachelofen. In wenigen Minuten wurde das Tier warm, streckte den Kopf und seine Füße heraus und kroch auf den Jungen zu.
>
> »Menschen sind manchmal wie Schildkröten«, sagte der alte Mann. »Versuche niemals, jemanden zu zwingen. Wärme ihn nur mit etwas Güte auf, und er wird sicherlich tun, was du möchtest.«
>
> (Lasko 1996, S. 194)

2 BEOBACHTEN: ICH ERKENNE, WORAUF ICH BEVORZUGT FOKUSSIERE

Die Regie über die eigene Wahrnehmung zu erlangen setzt eine Fokussierung des Blicks voraus, mit der der Beobachter nicht bloß auf das Außen blickt, sondern zugleich auf die inneren Routinen seiner Welterzeugung. In diesen Routinen kommt seine Biografie zum Ausdruck. Das, worauf er sich fraglos zu verlassen lernte, stiftete ihm ebenso eine Brille, durch die er lernte, auf die Welt zu blicken und zu erkennen, was er aushalten musste und was er vermeiden konnte. Misstrauen ist eben ein sehr eigener Stoff, wie auch Liebe, Vertrauen und Zugewandtheit.

Unsere Lebensbewegungen sind somit durch innere Bilder geleitet, von denen eine eigenartige Macht ausgeht, während sich uns andere Bilder – alternative, auch mögliche Lesarten einer Lage, eines Gegenübers und dessen Motiven oder der tatsächlichen gemeinsamen Möglichkeiten – erst spät oder kaum als mögliche Deutungswege zeigen. Welche Deutungen haben uns geleitet, welche mussten wir aufgeben, welche sind uns abhandengekommen und durch andere ersetzt worden? »Ich löse mich auf und komme mir selbst abhanden«, so das rückblickende Fazit von Max Frisch (1911–1991), dem Schweizer Dramatiker, dessen alles beherrschendes Thema die Biografie mit ihren Möglichkeiten, Risiken und Versäumnissen war. In seinem Stück *Biografie: Ein Spiel* lässt er seinen »Spielleiter« feststellen:

> » *Sehen Sie: Sie verhalten sich nicht zur Gegenwart, sondern zu einer Erinnerung. Das ist es. Sie meinen die Zukunft schon zu kennen, durch Ihre Erfahrung. Drum wird es jedes Mal dieselbe Geschichte* « *(Frisch 1991, S. 25).*

> » *Ich verstehe Sie! – Sie hatten die Wahl, Ihre Biografie zu ändern, das wünscht man sich manchmal, und was dabei herauskommt: Variationen des Banalen* « *(ebd., S. 156).*

In seinem Buch *Hector und die Welt der Zuversicht* beschreibt der französische Psychiater und Autor Francois Lelord (geb. 1953), wie wir uns durch die Brillen, durch die wir zu blicken gelernt haben, eine Welt erschaffen, die uns vertraut ist. Er spürt aber gleichzeitig möglichen Wegen nach, diese Welt zu verändern, indem wir uns erlauben, alte Brillen abzusetzen und neue auszuprobieren:

HECTOR UND DIE WELT DER ZUVERSICHT

Wenn Pauline etwas gelang, fand sie, sie habe vor allem Glück gehabt, oder die Latte habe sowieso nicht gerade hoch gelegen. Wenn sie aber scheiterte, war das immer ihr eigener Fehler und ein Beweis dafür, dass sie ihren Aufgaben nicht gewachsen war.

Hector überraschte das nicht: Viele Menschen, die zum Psychologen kommen, neigen zu einem solchen Denken. Er sagte sich, dass Pauline praktisch zwei Spezialbrillen hatte, mit denen sie immer traurig blieb: eine Lupenbrille, die ihre Irrtümer und Schwachstellen enorm vergrößerte, und eine andere, die ihre Erfolge ganz klein erscheinen ließ – so, als wenn man verkehrt herum durch ein Fernglas schaut.

Nach und nach brachte Hector Pauline zu Bewusstsein, welche Nachteile ihre Sicht auf die Dinge hatte, und half ihr, die gewohnten Brillen abzulegen und sich eine zu suchen, mit der sie besser sehen konnte. (Die Lupenbrille für die Irrtümer konnte Pauline im Beruf dennoch nützlich sein: Wenn man ihr einen Umschlagentwurf zeigte, sah sie schneller als die anderen, was damit nicht stimmte, und Hector dachte, dass sie sich diese Brille wenigstens für solche Zwecke aufbewahren könnte.)

> Manchmal machten sie einen kleinen Umweg über Paulines Kindheit, jene Lebensphase, in der man sich die Brillen fabriziert, durch die man die anderen und sich selbst sieht. Ihr Vater war häufig arbeitslos gewesen und hatte ständig Alkoholprobleme gehabt, und als kleines Mädchen hatte sie sich jedes Mal für ihn geschämt, wenn er sie von der Schule abholen kam und man sehen konnte, dass er wieder getrunken hatte. (Jedenfalls konnte die kleine Pauline das sehen.) Wenn ihre Mutter es satthatte, den Vater zu kritisieren, begann sie, Pauline zu tadeln, und sagte ihr, dass sie nicht zu groß was tauge – und zwar ganz wie ihr Vater, wie sie bisweilen hinzufügte.
>
> Hector notierte in sein kleines Merkheft:
>
> Rosa Brille Nr. 1: Setzen Sie, wenn Sie Ihre Fehler und Schwachstellen betrachten, nicht die Lupenbrille auf.
>
> Rosa Brille Nr. 2: Blicken Sie auf Ihre Erfolge und Ihre Qualitäten, ohne sie wie mit einem umgedrehten Fernglas klein zu machen.
>
> (Lelord 2019, S. 10 f.)

Die Umlenkung des Blickes von einer vermeintlich so-und-nicht-anders gegebenen Realität auf die eigenen Formen, die Wirklichkeit zu beobachten, sie zu beurteilen und letztlich zu fabrizieren (Knorr-Cetina 1981), ist die wohl zentrale Bewegung in Richtung einer achtsamen Führungskompetenz. Diese Bewegung führt Führungskräfte aus der Illusion heraus, ihre Wahrnehmung würde die Wirklichkeit, mit der sie es zu tun haben, gewissermaßen abfotografieren, und öffnet sie gegenüber der ärgerlichen Einsicht, dass wir hirnphysiologisch gesehen überwiegend »mit uns selbst beschäftigt« sind (Spitzer 2007, S. 54). »Ärgerlich« ist diese Einsicht deshalb, weil sie uns um die Kraft der Berechtigung beraubt. Wenn dem so ist, dass wir mehr als 80 % dessen, was uns gewiss der Fall zu sein scheint, aus unseren eigenen synaptisch verankerten Erinnerungen konstruieren, dann müssen wir nicht bloß der Angemessenheit, sondern auch der Freiheit unserer Beobachtungen prinzipiell zu misstrauen lernen. Gerhard Roth gelangte in seinen hirnphysiologischen Studien bereits vor Jahren zu der Einschätzung, dass der Mensch »sich frei (fühlt), wenn er tun kann, was er zuvor wollte« (Roth 2001, S. 453). »Letztlich« – so Roth in seinem 2007 erschienenen Werk *Persönlichkeit, Entscheidung und Verhalten. Warum es so schwierig ist, sich und andere zu ändern* – lebt »jeder in seiner Welt« (Roth 2007, S. 263 ff.).

Man kann nicht umhin, aus dieser Gegebenheit zu folgern, dass uns unser Gehirn keine Beziehung zu dem, was um uns herum tatsächlich geschieht, zu stiften vermag. Vielmehr konstruiert es lediglich erfahrungs- und mustergeprägt – in Abhängigkeit von dem, was wir schon wissen, vermuten oder erahnen und befürchten – ein Bild von der Wirklichkeit und der sich in ihr – vermeintlich – ausdrückenden Substanz (z. B. Absichten und Motiven des Gegenübers). Wahrnehmung stellt somit einen aktiven Aneignungsprozess dar, der uns mit den Gegebenheiten nur zu unseren eigenen emotionalen und kognitiven Bedingungen in Verbindung zu bringen vermag. Deshalb ist es auch zumeist wenig nachhaltig, mit entschlossenen Interventionen führen zu wollen, statt sich als Führungskraft auch mit den berechtigten Sichtweisen und sogenannten »Widerständen« im System in wertschätzender Weise auseinanderzusetzen.

So ist es im Blick auf die prominenten Beispiele spektakulärer Firmenzusammenbrüche der letzten Jahrzehnte gar nicht leicht zu beurteilen, ob und inwieweit z. B. Nokia über Führungs- und Fachkräfte mit einer ausgeprägten Fähigkeit zur Selbstreflexion oder gar Resilienz verfügt hat – anders als bei Kodak, wo das Management offensichtlich keinerlei vorausschauende Ideen zur Gestaltung alternativer Zukunftskonzepte aufbieten konnte, sondern von dem Impuls getrieben agierte, die Zukunft zu kontrollieren und an den Konzepten der Vergangenheit festzuhalten. Immerhin gibt es die Firma Nokia heute immer noch; nach zweimaligem Besitzerwechsel und Stellenabbau bewegt sie sich mit eigener Produktpalette und neuer Spezialisierung auf dem Markt. Man kann gerade in dieser Fortdauer und schmerzhaften Neuausrichtung des Unternehmens auch den Ausdruck einer gewissen organisationalen Resilienz erkennen, da diese sich ja nicht in dem erfolgreichen Standhalten, sondern auch und gerade im Neujustieren, Neuausrichten und Neugestalten Ausdruck verschaffen kann. Gleichwohl sah sich auch das Nokia-Management dem Vorwurf ausgesetzt, jeglichen Realitätsbezug verloren zu haben, wie Risto Siilasmaa, der den Niedergang und Wiederaufstieg von Nokia als Verwaltungsratspräsident miterlebte, zu berichten weiß. In einem Interview stellte er fest:

> » *Es war also ein firmenkulturelles Problem, das in vielen Unternehmen vorkommt: Man wird davon abgehalten, über Probleme zu sprechen, wenn man nicht schon fertige Lösungen dafür hat. (…) Die Firmenkultur während der Krise war viel besser als am Zenit des Erfolgs. Die neue Nokia war eine*

Kombination der Netzwerkparteien von Nokia, Siemens, Alcatel, Nortel und Lucent, ein Kaleidoskop von Puzzleteilen. Mit der neuen Firma besannen wir uns auf die Kultur, die Nokia Anfang der 1990er-Jahre hatte – wir gingen zu unseren Wurzeln zurück. Probleme sollen wieder geäußert werden und die Hierarchien flacher werden. Das ist ein langer Prozess, der noch nicht abgeschlossen ist « *(Müller u. Müller 2018).*

Risto Saliismaa hat seine Erfahrungen im Umgang mit extremen Veränderungen in einem Buch dargestellt (Saliismaa 2018). In diesem zeichnet er detailliert nach, welche Denkweise und Haltung letztlich notwendig sind, um sich kolossalen Wandlungsaufgaben wirklich stellen und diese auch zukunftsöffnend gestalten zu können. Saliismaa spricht von »entrepreneurial leadership« und bezeichnet damit exakt solche Kompetenzen, wie sie auch die Konzepte der Resilienz und des kompetenten Unternehmens sowie des »re-flexible man« in den Blick rücken:

» *At the same time, those precepts enabled us to stay flexible enough to adapt to constant change when the conventional way of doing things would have sunk us. Entrepreneurial leadership means accessing the resources available to you and using them in the best possible way to improve your company's performance and competitiveness* « *(ebd.).*

Diese Fähigkeiten berühren nicht allein die Kompetenzen, sondern auch die Haltungen der Führungskräfte und Gestalter in organisatorischen Wandlungsprozessen. Eine agile Führung durch extreme Wandlungsprozesse benötigt Führungskräfte, die sich ihrer eigenen biografischen Festgelegtheit – um nicht zu sagen »Engstirnigkeit« – bewusst sind und den Fokus auf die Transformation ihrer inneren Bilder legen können. Sie nähern sich den jeweiligen Veränderungen im Außen selbstreflexiv, d. h. mit dem Blick für ihre Formen und dafür, Gegebenheiten zu erkennen, zu beurteilen und ihre eigene Reaktion auf diese zu begründen. Ihnen ist bewusst, dass ihr Selbstbild und ihr Verständnis von Kommunikation und Kooperation sowie die Rechtfertigung der Wirksamkeit des eigenen Tuns durch »Strukturbesonderheiten« (Retzlaff 2013) charakterisiert sind, die so sind, wie sie sind. Diese markieren keine Mängel, sondern das Spezifische einer Person.

Auch Führungskräfte beobachten und (re)agieren auf der Basis ihrer jeweiligen Strukturbesonderheiten.

Diese Strukturbesonderheiten sind fest in den Wahrnehmungsmechanismen verankert, und oftmals sind wir eher bereit, das auf uns Einwirkende – die Wirklichkeit – in einer Weise umzudeuten, die es uns erlaubt, an den fest verankerten Lesarten und Sichtweisen festzuhalten, statt diese selbst aufzugeben, wie der folgende Witz aus dem *Ha-Handbuch der Psychotherapie*:

RIGIDE GLAUBENSSYSTEME UND WELTBILDER

Ein Patient ist überzeugt, dass er bereits tot sei. Alle Überzeugungsversuche des Arztes schlugen fehl. Dabei hatte er auf die Körpertemperatur, auf die Atemfunktion und vieles andere hingewiesen.

Schließlich sagt er zum Patienten: »Sagen Sie mal, bluten Leichen eigentlich?«

Der Patient sagt: »Natürlich nicht.«

Der Arzt nimmt eine bereits vorbereitete Nadel und sticht dem Patienten in die Hand. Es beginnt zu bluten. Der Arzt: »Was sagen Sie jetzt?«

Der Patient antwortet: »Ich habe mich getäuscht. Leichen bluten doch.«

(Trenkle 1995, S. 53)

Auch die folgende Geschichte zeigt, wie nahezu unauflöslich gleichzeitig wir beobachten und bewerten. Es scheint geradezu so zu sein, dass wir die Gegebenheiten durch unsere Beurteilungen hindurch beobachten. Diese können uns dann bloß so in Erscheinung treten, dass wir das aus ihnen herauslesen und zur Grundlage unseres Denkens, Fühlens und Handelns machen, was wir zuvor bereits »befürchtet« haben, wie die folgende Geschichte uns vor Augen führt:

DIE ALTE DAME

Eine alte Dame steht im Selbstbedienungsrestaurant in der Schlange und holt sich eine Terrine Erbsensuppe. Am Tisch stellt sie fest, dass die Wurst fehlt.

Sie stellt die Terrine ab und reklamiert an der Theke. Selbstverständlich bekommt sie einen Teller mit der fehlenden Wurst.

> Wieder zurück sieht sie, dass an ihrem Tisch ein Schwarzer sitzt und ihre Erbsensuppe probiert. Die alte Dame überlegt: »Was tun?«
>
> Weil sie sich keinesfalls in den Verdacht der Ausländerfeindlichkeit bringen will, setzt sie sich zu dem Schwarzen an den Tisch.
>
> Sie zerteilt die Wurst in kleine Stücke, die sie je zur Hälfte dem jungen Farbigen in die Suppenterrine und sich in den Teller füllt.
>
> Dann holt sie sich noch einen zweiten Löffel und eine Kelle, füllt sich Suppe in ihren Teller, und beide essen gemeinsam den Erbseneintopf.
>
> Der junge Mann lacht, steht zwischendurch auf und besorgt zwei Glas Bier. Man prostet sich zu, und nach einem gemeinsamen Kaffee verabschiedet der junge Mann sich höflich.
>
> Ein wenig trauert die alte Dame ihm nach. Sie will jetzt auch gehen und langt nach ihrer Handtasche. Doch die ist verschwunden!
>
> Um Himmels willen. Ein Dieb?
>
> Nach verzweifelter Suche findet sich endlich die Tasche – am Nachbartisch. Und da steht auch die Terrine mit ihrer Erbsensuppe.
>
> Und langsam beginnt die alte Dame zu begreifen.
>
> (nach Patsch 2011)

Das Gegenteil zu einem rigiden Festhalten an gewohnten Mustern ist die Nutzung der Plastizität kognitiver Prozesse, d. h. die Fähigkeit unseres Gehirns, gewachsene Muster und Wahrnehmungsmechanismen zu transformieren. Indem Menschen sich darin üben, ihre an Gewissheiten festhaltenden Wahrnehmungsroutinen zu durchschauen und ihnen zu entschlüpfen, wird es ihnen auch möglich, sich allmählich mehr und mehr über ihr »altes Ich« klar zu werden und dieses schrittweise durch neue Ausdrucksformen ihres eigentlichen bzw. »wahren Ichs« (Arnold 2013, S. 175) zu ersetzen. Dieses wahre Ich ist das Ich, zu dem wir uns entscheiden. Indem es einer Führungskraft gelingt, sich selbst und die Welt in anderer Weise zu beobachten, erhöht sich nicht bloß »die Anzahl ihrer Möglichkeiten« (sensu Heinz von Foerster), vielmehr verändert sich auch ihr Ich. Dieses übt, sich in anderer Weise auszudrücken und die eingeschliffenen Formen des Denkens, Fühlens und Handelns hinter sich zu lassen und neue Prozeduren des Umgangs mit dem, was uns unwirksam bleiben lässt, im »Betriebssystem Ihres Unterbewusstseins« (Dispenza 2017, S. 279) nachhaltig zu verankern. Joe Dispenza schreibt, dass diese Transformation kein Schalterumlegen im Bewusstsein, sondern eine mühsam zu übende Fähigkeit mit Rückschlagen ist. Es geht letztlich darum,

>> *(...) die alten Denkmuster und die damit verbundenen Gefühle loszulassen* << *(Dispenza 2016, S. 41),*

was leichter klingt als es ist. Schließlich kennen wir alle – wie Joe Dispenza – Situationen, in denen Gedanken

>> *(...) aus dem Nirgendwo in meinem Kopf auftauchen. Ich beschäftige mich obsessiv mit allem, was in meinem Umfeld vorhersehbar ist. Wie bei anderen Leuten ist mein Geist meistens dabei, die Zukunft vorwegzunehmen oder sich an die Vergangenheit zu erinnern. In solchen Momenten muss ich herunterkommen und erkennen, dass das alles vertraute Assoziationen sind, die nichts damit zu tun haben, in der Gegenwart etwas Neues zu erschaffen. Geht es Ihnen auch so? Dann müssen Sie dieses eintönige normale Denken hinter sich lassen und sich dem schöpferischen Moment hingeben* << *(Dispenza 2017, S. 285).*

Es geht dieser Selbstveränderungsstrategie letztlich darum, die Software des Gehirns zu verändern, d. h. die Algorithmen, mit denen dieses gewohnt ist, seine Wirklichkeit zu errechnen. Dabei bleibt weitgehend irrelevant, wie genau wir die Ursachen unserer unangepassten Deutungsgewohnheiten (z. B. durch Aufstellung oder Übertragung) ausloten oder gar bereits überwinden konnten. Entscheidend ist vielmehr, dass wir uns selbst darüber im Klaren sind, welche spontanen Ausdrucksformen unseres alten Ichs wir hinter uns lassen und welchen neuen Formen wir zukünftig verstärkt Ausdruck geben wollen. Diese stiften uns in der Meditation und Aktion den Fokus, aus dem heraus wir auf uns und die aktuellen Gegebenheiten zu blicken lernen. Die neue Form, zu der wir uns entscheiden, kann visualisiert und durch Meditation wirksam verankert werden, indem wir – wie Mingur Rinpoche schreibt – eine »formale Praxis« beginnen,

>> *(...) um den Fluss des schon lange bestehenden neuronalen Geschwätzes zu stoppen, das die Wahrnehmung von einem unabhängig oder inhärent existierenden ›Selbst‹ oder ›Ich‹ und von unabhängig oder inhärent existierenden ›anderen‹ erzeugt. Wenn Sie sich regelmäßig Zeit für die formale Praxis nehmen, entwickeln Sie eine konstruktive Gewohnheit, die nicht nur die alten neuronalen Muster schwächt, sondern auch erfolgreich*

neue Muster aufbaut; Muster, die Sie erkennen lassen können, wie Ihr eigener Geist an Ihrer Wahrnehmungsweise teilhat « *(Mingur Rinpoche 2007, S. 310 f.).*

Es ist diese »formale Praxis« des Umgangs mit Kognition und Emotion, welche im Zentrum der meditativen Bemühungen, Klärung und Selbstheilung sowie – absichtsloser – Bewusstheit steht. Der Kern dieser reflexiven Fokussierung lässt sich mit den Worten des amerikanischen Therapeuten Steve de Shazer (1940–2005) beschreiben, von dem die bekannte Formulierung stammt: »Wenn Du eine Interpretation hast, nimm ein Aspirin, setze Dich still in eine Ecke und warte, bis diese Interpretation vorbei ist« (zit. nach Varga von Kibéd 2008, S. 14) – eine Aufforderung, mit der de Shazer uns dazu animiert, alle Wahrnehmungen »persönlich zu nehmen«, denn es sind unsere Gewissheiten, die wir fühlen und denken und aus denen heraus wir handeln. Letztlich geht es um den Zustand einer meditativen Achtsamkeit bei dem, was wir denken, fühlen und tun. Dieser Zustand stellt sich nicht automatisch ein, er ist vielmehr Ergebnis einer angestrengten Unangestrengtheit, welche geübt und regelrecht trainiert werden kann. Dabei wächst unsere Fähigkeit, den vertrauten Formen einer beurteilenden Beobachtung zu entschlüpfen und unser ansonsten schnell vor sich »hinplapperndes« (vgl. Dispenza 2016) Bewusstsein zu Formen eines disziplinierten Umgangs mit der Wirklichkeit zu führen, d. h. mit dem, was da auf uns und in uns Wirkung entfaltet. Wir lernen, uns dabei zu ertappen, wenn wir – teils in inneren Monologen – irgendwelchen spontan auftauchenden Gedanken und Gefühlen nachhängen und diese mehr und mehr von uns Besitz ergreifen zu lassen. Und wenn wir bemerken, wie sie wieder von uns Besitz ergreifen möchten, können wir diese auch verabschieden und ihnen innerlich zurufen: »Ich merke, wie ihr mir auch diese Lage in der mir vertrauten Form zurechtdeuten und zurechtfühlen wollt, aber ich stehe dafür nicht mehr länger zur Verfügung!«

Erst dann wird es unserem Bewusstsein möglich, sich auch mit anderen, zunächst unwahrscheinlich wirkenden Möglichkeiten der Stellungnahme zu dem, was uns begegnet, auseinanderzusetzen und andere Lesarten zumindest als eine weitere Möglichkeit im Inventar der eigenen Spontanassoziationen wirksam zu verankern. Diese Bewegung ist kein Spaziergang – zu dominant und zählebig melden sich die alten synaptischen Muster in unserer Beobachtung und Beurteilung der Lage immer wieder zu Wort. Gleichwohl ist

»Nehmen Sie ein Aspirin« – Schritte zur Öffnung eigener Interpretationen und Gewissheiten (A S P I R I N):	
1. Schritt: **Achtsam bleiben**	Bevor Ihre eigenen Eindrücke sich verfestigen und übermächtig Ihre Wahrnehmung und Reaktionen bestimmen, rufen Sie sich die Tatsache ins Bewusstsein, dass Sie diese Eindrücke bereits als Potenzial (Erfahrungen, Deutungsmuster, Interpretationsroutinen) in sich trugen, bevor Sie dem Gegenüber begegneten oder in die jeweilige Situation gerieten!
2. Schritt: **Selbstbeobachtung**	Verlangsamen Sie Ihre Wahrnehmung und Ihre Gedanken und beobachten Sie sich dabei, wie Sie beobachten! Fragen Sie sich, was die Eigenarten Ihrer Beobachtungen und Interpretationen Ihnen über sich selbst in Erinnerung rufen! Fragen Sie sich insbesondere in Konflikten immer wieder, wo Sie sich auch dieses Mal »treu« bleiben!
3. Schritt: **Problemfokus meiden**	Wann immer Sie vorschnell und bereitwillig in Problemerörterungen eintreten oder sich in diese einbinden lassen, beobachten Sie, wie Sie selbst in die *Problemtrance* geraten! Erkennen Sie, dass *Probleme* stets auch Lösungen – wenn auch unvollkommene – sind, und kleiden Sie Ihre Beiträge ganz bewusst in Formulierungen, die nach Erklärungen und nicht nach Problemzuschreibungen suchen!
4. Schritt: **Innovieren**	Gehen Sie in den Unterschied und verblüffen Sie mit anderen, ungewöhnlichen Erklärungen und Ideen bzw. lassen Sie sich verblüffen! Reagieren Sie geduldig und wertschätzend auf *neue Lesarten zu vertrauten Themen* und reagieren Sie verstört und verstörend auf *alte Lesarten zu neuen Themen!*
5. Schritt: **Rückrudern**	Üben Sie sich im Zurücknehmen »endgültiger« Beurteilungen und Äußerungen! Gehen Sie insbesondere dann, wenn Sie jemanden vor den Kopf gestoßen, gekränkt oder gar »verstoßen« haben, immer wieder auf ihn zu – lieber einmal zu viel als zu wenig. Bedenken Sie: Als Vorgesetzter ist Ihre Position immer die stärkere, weshalb Sie es sich leisten können, mit Offenheit, Selbstkritik und Flexibilität zu überraschen!
6. Schritt: **Interviewen**	Führungskräfte können letztlich nicht wissen, was andere denken, fühlen, vermuten oder befürchten. Aus diesem Grunde ist das Fragen- und Zuhörenkönnen eine wesentliche Dimension kluger Führung. Besuchen Sie deshalb gezielt und regelmäßig ihre Mitarbeiterinnen und Mitarbeiter an ihren Arbeitsplätzen und fragen Sie, was diese bewegt!
7. Schritt: **Neubeginnen**	Führen bedeutet: Neue Wege erschließen, nicht alte Wege bewachen! Aus diesem Grunde kommt der visionären Kraft und der Besonnenheit von Führungskräften eine große Bedeutung zu. Sie müssen neue Wirklichkeiten (= Gestaltungschancen) für die Organisation »entdecken«, ohne sogleich auf diese loszustürmen. Sie können sich aber auch nicht an dem Alten festhalten und sich darauf beschränken, darauf zu achten, dass niemand die vertrauten Wege verlässt. Es gilt vielmehr: Frage stets nach Möglichkeiten und imaginiere die Zukunft des Systems!

Tafel 5: Die Aspirin-Übung (nach einer Idee von de Shazer, © Arnold 2014)

es möglich, durch eine kontinuierliche Achtsamkeit der eigenen bevorzugten Formen des Beobachtens und deren allmähliches Auswechseln gegen neue Routinen des Denkens, Fühlens und Handelns eine bewusste Veränderung der eigenen Wirklichkeit zu erreichen. Dabei gilt:

» *Größe ist, an einem Traum festzuhalten – ungeachtet der äußeren Umstände* « *(Dispenza 2017, S. 82).*

Wem eine solche proaktive Form des Umgangs mit sich selbst (bzw. den eigenen Spontandeutungen) und mit den anderen (Stiftung veränderter – bislang ausgeschlossener – Formen der Kooperation und Koevolution) gelingt, dem kann es auch im Alltag mehr und mehr gelingen, nicht immer und immer wieder in der eigenen »Geisteshaltung fixiert zu bleiben« (Dispenza 2016, S. 26). Er hat die Banalität der kognitiv-emotionalen Funktionsmechanismen der eigenen Wahrnehmung tief verstanden und dieses Verständnis auch zu einer grundlegenden Haltung sich selbst und der Welt gegenüber entwickelt. Diese erleichtert es ihm, mit dem Sachverhalt umzugehen, dass unser Gehirn konservativ arbeitet und »durch unsere wiederholten Gedanken und Reaktionen unseren Blick für das Mögliche trübt« (ebd.). Dispenza beschreibt diese rigide Logik der Wahrnehmung mit den Worten:

» *Wir werden neurologisch zu dem, woran wir wiederholt denken und worauf wir unsere Aufmerksamkeit lenken. Endlich hat man neurowissenschaftlich begriffen, dass wir die neurologische Grundstruktur unseres Selbst durch das prägen, worauf wir immer wieder unsere Aufmerksamkeit richten.*

Alles, was uns ausmacht – unsere Gedanken, Träume, Erinnerungen, Hoffnungen, Gefühle, heimlichen Fantasien, Ängste, Fähigkeiten, Gewohnheiten, Freuden und Leiden –, ist im lebendigen Gitterwerk unserer 100 Milliarden Gehirnzellen verankert. (...) Wenn Sie auch nur eine einzige Information aufgenommen haben, sind zwischen winzigen Hirnzellen neue Verbindungen entstanden und Sie sind jemand anderes. Die Bilder, die diese Worte in Ihrem Gehirn hervorriefen, haben in der endlos weiten neurologischen Landschaft dessen, was Sie als ›Ich‹ identifizieren, Fußspuren hinterlassen, denn dieses fühlende Wesen Ihres ›Ich‹ existiert tatsächlich in dem inniglich miteinander verwobenen Geflecht Ihres Gehirns. Ihre Individualität definiert sich durch die Art, wie Ihre Nervenzellen miteinander verbunden sind, ausgelöst durch das, was Sie gelernt haben, an was Sie sich erinnern, was Sie erfahren, was Sie sich vorstellen, was Sie tun und was Sie über sich selbst denken « *(ebd., S. 20).*

Indem das Denken, Fühlen und Handeln sich wandelt, bekommen wir es selbst dann mit einer anderen Wirklichkeit zu tun, wenn die äußeren Gegebenheiten sich gar nicht gewandelt haben. Gleichwohl bemerkt das Gegenüber, dass wir es mit anderen Augen betrachten und die dadurch mögliche Resonanz spüren. Diese Wechselwirkungen werden mitunter durch die Theorie der Spiegelneuronen erklärt (vgl. Bauer 2005): Diese Theorie besagt, dass Menschen innerlich eine Bewegung mitvollziehen können, die sie beim Gegenüber erleben. Durch diesen Spiegelungseffekt sind Menschen bereits immer kognitiv-emotional miteinander verbunden, und Resonanz sowie Selbstveränderung können dann entstehen, wenn Führungskräfte anschlussfähig (und nicht über die Köpfe und Herzen hinweg) zu agieren vermögen. Durch öffnende Gesten und einen wertschätzenden sowie ressourcenstärkenden Umgang können Führungskräfte so auch letztlich die Wirksamkeit ihres Tuns erhöhen, welches weniger der Logik einer Intervention als vielmehr der Logik einer Induktion zu folgen scheint.

Indem es Führungskräften gelingt, eine andere Haltung gegenüber sich selbst und der Welt spürbar zu leben, lösen sie auch ungewollt entsprechende Resonanzen im Gegenüber aus. Für das Gelingen dieser Selbsttransformation zu einem nachhaltig neuen Ichausdruck spricht die Plastizität unseres Gehirns. Wir sind doch nicht nur festgelegt. Zwar melden sich in uns immer wieder die weit in die Vergangenheit zurückreichenden Loyalitäten, Kränkungen und Entbehrungen zu Wort, aber wir müssen uns nicht bei diesen aufhalten. Es langt ein kurzer Blick hinter die Kulissen der Anfänge unserer Individuation. Diese sind, wie sie sind. Wir können ihnen verbunden bleiben, indem wir uns immer und immer wieder mit ihnen befassen, oder wir können sie hinter uns lassen, um ein neues synaptisches Ich zu erzeugen, dessen Spuren in unserer Emotion und Kognition mehr und mehr zu den Spontandeutungen und -impulsen werden können, die automatisch in neuen Lagen aktualisiert werden.

Durch meditative Fokussierung bleiben die Beobachter zumindest bei sich und beobachten, wie sich in ihnen immer und immer wieder Deutungen einstellen, von denen sie zwar nicht genau zu sagen vermögen, wo diese herkommen, aber zumindest üben sie sich mehr und mehr in der Fähigkeit, deren limitierende und nach Wiederholung drängende Ausdrucksformen hinter sich zu lassen. Das eigene »neuronale Geschwätz« (ebd.) lässt sich erkennen und verändern, wenn wir uns darauf einlassen und uns übend um eine Selbstveränderung bemühen. Dabei entwickeln wir eine neue Routine, die uns dazu befähigt, unsere eigenen Wahrnehmungsmechanismen selbst kontinuierlich zu beobachten und gewissermaßen in Rechnung zu stellen, wenn uns mal wieder etwas so scheint, wie es uns zu sein scheint. Und wir können diese Routinen in tiefergehenden – reflexiven – Lern- und Veränderungsprozessen in ihrer wirklichkeitserzeugenden Kraft erkennen und nachhaltig verändern.

Wir alle – auch Führungskräfte – sehen die Welt durch unseren 80 %-Filter (s. u.), und keiner (!) verfügt über einen ungefilterten Zugang zu sich selbst und anderen.

Wir sehen das Gegenüber immer bloß so, wie wir selbst sind, nicht, wie dieses tatsächlich zu uns sein will! Diese Einsicht legt das Bemühen um vollständige Projektionsrücknahme in Beziehungskonflikten nahe. Projektionen drücken sich in ungebremsten Du-Botschaften aus und legen das Gegenüber letztlich anmaßend fest. Der Gedanke, dass dieses auch ganz anders sein könnte, ist der projektiven Küchenpsychologie völlig fremd. Aus diesem Grund ist auf ihrer Ebene auch keine wirkliche Konfliktlösung oder Verhaltenstransformation möglich. Es geht um Rechthaben – ohne jegliche Bezugnahme auf das mittlerweile erreichte Verständnis der Mechanismen, mit denen Menschen auch gegenüber Vorgesetzten oder in Paarbeziehungen ihre eigene Wirklichkeit konstruieren. Wer küchenpsychologisch entschieden voranschreitet, tritt deshalb auf der Stelle. Er ist zu immerwährender Wiederholung und Verwechslung, aber nicht zur Transformation seines Denkens, Fühlens und Handelns in der Lage.

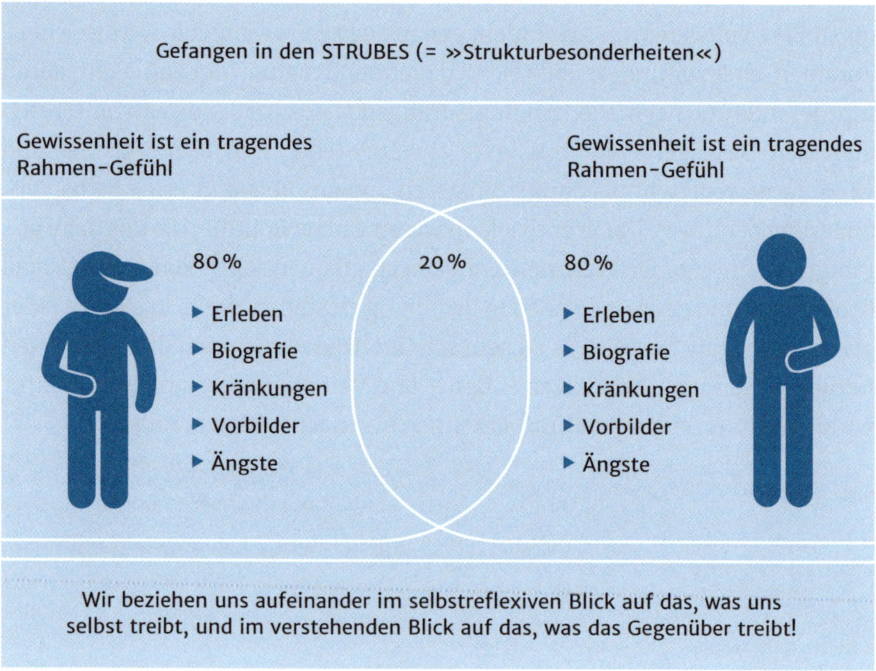

Tafel 6: »Ich sehe dich, wie ich bin!« (Arnold 2019b, S. 52)

Eine entscheidende Frage in paartherapeutischen Beratungen jenseits der Küchenpsychologie ist deshalb in aller Regel nicht die nach der Schuld eines oder beider Akteure, sondern die nach der Rekonstellierung ihrer eigenen 80 %-Gewissheiten, die als zähe Strukturbesonderheiten das Denken, Fühlen und Handeln der jeweiligen Akteure bestimmen. Während die Küchenpsychologie in mechanistisch-linearer Manier die Ursachen des Konflikts im Außen bzw. beim anderen sucht und findet, setzen hirnphysiologisch sowie erkenntnis- und beobachtertheoretisch informierte Konzepte anders an. Sie sind darum bemüht, den Klienten aus den Erstarrungen des Vorwurfs und der Unausweichlichkeit der Interpunktionsfallen zu befreien und ihm einen selbstreflexiveren Blick auf sein inneres Geschehen zu eröffnen. Dabei fragen sie nach den inneren Ursprüngen und emotional-kognitiven Vorläufern des Vorwurfs: »Wann haben Sie in Ihrem Leben ähnliche – vernichtende – Vorwürfe vernommen?« Und: »Wer hat diese gegen wen gerichtet? Können Sie da eine Parallele sehen? Könnte es sein, dass Sie ihren Ehepartner als eine Art Projektionsfläche nutzen und ihn dabei durch diese in Ihrer Seele bereitliegenden Lesarten nicht so sehen, wie er in seiner Art der Zugewandtheit und

Treue tatsächlich ist, sondern bloß so, wie Sie sind und ihn auszuhalten vermögen« – um die bereits erwähnte Erkenntnis aus dem Talmud noch einmal zu zitieren?

Die reflexive Erkenntnis solcher Verwechslungs- und Kommunikationsprozesse sowie Interpunktionsfallen, in die man leicht geraten kann, wenn man das, was einen vom Partner weg- und möglicherweise zu einem anderen – idealisierten – hintreibt, ist eine wesentliche Voraussetzung dafür, aus unbewusst wirkenden Zirkularitäten und Wiederholungszwängen aussteigen zu können, um die ungelösten Fragen des Inneren nicht länger in äußeren Rekonstellierungen auflösen zu wollen, sondern sich der inneren Reifungsaufgabe endlich dort zu stellen, wo sie ansteht. Im Außen löst man nämlich keine inneren Fragen, sondern torkelt von Wiederholung zu Wiederholung.

Die folgende Geschichte verdeutlicht, welcher Schatz sich einem zeigen kann, wenn man bei sich – gewissermaßen im eigenen Garten – beginnt zu graben.

DER VERGRABENE SCHATZ

In Krakau lebte einmal ein frommer, alleinstehender Mann namens Izy. Ein paar Nächte hintereinander träumte Izy, er reise nach Prag und gelange dort an eine Brücke über einen Fluss. Er träumte, an einem Ufer des Flusses unter der Brücke stehe ein üppiger Baum. Er träumte, dass er gleich neben dem Baum zu graben anfing und auf einen Schatz stieß, der ihm Wohlstand und Sorglosigkeit bis an sein Lebensende sicherte.

Anfangs maß Izy diesem Traum keine Bedeutung bei. Aber nachdem sich dieser wochenlang wiederholt hatte, deutete er ihn als Botschaft und beschloss, jene Nachricht, die ihm womöglich von Gott oder sonst wem geschickt worden war, nicht weiter unbeachtet zu lassen.

Er folgte also seiner Eingebung, belud sein Maultier mit Gepäck für eine lange Reise und machte sich auf den Weg nach Prag.

Sechs Tage später traf der Alte in Prag ein und begab sich gleich auf die Suche nach der Brücke über den Fluss am Rande der Stadt.

Es gab nicht viele Flüsse und auch nicht viele Brücken, sodass er den gesuchten Ort schnell fand. Alles war genau wie in seinem Traum: der Fluss, die Brücke, das Flussufer, der Baum, unter dem er graben musste.

> Nur eins war in seinem Traum nicht vorgekommen: Die Brücke wurde Tag und Nacht von einem Soldaten der kaiserlichen Garde bewacht.
>
> Izy wagte es nicht, zu graben, solange der Soldat dort oben Wache schob, also schlug er in der Nähe der Brücke sein Lager auf und wartete erst einmal ab. In der zweiten Nacht begann der Soldat Verdacht zu schöpfen und er fragte den Alten, der da am Flussufer kampierte, nach seinem Vorhaben.
>
> Der hatte keinen Grund, ihm eine Lüge aufzutischen, und so erzählte er dem Wachmann, er habe diese weite Reise unternommen, weil er geträumt habe, dass hier in Prag unter einer gewissen Brücke ein Schatz vergraben liege.
>
> Der Wachmann brach in schallendes Gelächter aus.
>
> »Eine so lange Reise wegen nichts und wieder nichts«, sagte er. »Ich träume seit drei Jahren jede Nacht, dass in Krakau unter der Küche eines verrückten Alten namens Izy ein Schatz vergraben liegt. Ha, ha, ha, ha, ha. Denkst du, ich sollte nach Krakau reisen, um diesen Izy aufzusuchen und unter seiner Küche zu graben anfangen? Ha, ha, ha.«
>
> Izy bedankte sich freundlich beim Gardisten und trat die Heimreise an.
>
> Zu Hause angekommen, grub er unter seiner Küche ein Loch und fand den Schatz, der schon ewig dort verborgen lag.
>
> (Bucay 2007, S. 71–73)

Auch die folgende Geschichte beschreibt in anschaulicher Weise, wie die in uns vorbereiteten Routinen der Wahrnehmung das Gegenüber in seinen Ausdrucksmöglichkeiten festlegen und wie wir es in anderer Weise sich selbst und anderen gegenüber in Erscheinung treten lassen können, wenn wir etwas in ihm sehen, was sich vielleicht noch gar nicht ausdrücken konnte, aber als Potenzial in ihm schlummert:

> ### DIE 9-KUH-FRAU
>
> Es waren einmal zwei Freunde, die sich einen Traum erfüllen wollten – nämlich mit einer kleinen Segelyacht die Erde zu umsegeln. Sie starteten guten Mutes, und alles lief gut.
>
> Von Zeit zu Zeit liefen sie Häfen oder kleinere Inseln an, um Wasser und Lebensmittel aufzunehmen. Als sie bereits viele Wochen unterwegs waren, kamen sie zu einem Eingeborenenstamm. Der Empfang und die Gastfreundschaft waren so großartig, dass die beiden entschieden, ein paar Tage Pause einzulegen und zu bleiben.

Einer der beiden Freunde wurde auf eine Frau aufmerksam und konnte seine Augen nicht von ihr abwenden. Schnell war klar, dass die Sympathie beidseitig war. Der Mann hatte nur noch die Frau im Kopf und schwärmte seinem Freund vor, wie attraktiv und strahlend sie sei, und dass er nie eine schönere Frau gesehen hätte – er war völlig verrückt vor Liebe. Sein Freund versuchte, ihn auf andere, noch schönere und strahlendere Frauen aufmerksam zu machen, aber nichts funktionierte und schließlich beschloss der Verliebte, dieser Frau einen Heiratsantrag zu machen.

Nun war es bei dem Eingeborenenstamm üblich, den Häuptling um die Hand einer Frau aus dem Stamm zu bitten und den Brautpreis festzulegen. Je nach den Qualitäten der Frau (Aussehen, Kochkünste, Wissen im Bereich Heilung, Fähigkeiten bei der Jagd, gebärfreudiges Becken etc.) bewegte sich der Brautpreis zwischen einer Kuh für eine Frau mit wenig Qualitäten und 9 Kühen für eine Frau mit maximalen Qualitäten – der perfekten Frau schlechthin. Noch nie hatte es in der Stammesgeschichte diesen Brautpreis für eine Frau gegeben.

Obwohl noch nie ein Fremder in den Stamm eingeheiratet hatte, willigte der Häuptling in die Hochzeit ein und legte den Brautpreis auf drei Kühe fest. Da sagte der Bräutigam: »Wie, nur drei Kühe, schau dir diese Frau doch an. Sie ist auf jeden Fall 9 Kühe wert. Ich zahle 9 Kühe.«

Das irritierte den Häuptling, und er erklärte, weshalb die Frau nur 3 Kühe wert sei. »Sie gehört nicht zu den schönsten im Dorf. Ihr Jagdgeschick lässt sehr zu wünschen übrig, und sie kann weder gut kochen noch ist sie sehr ordentlich.«

Doch der Werber blieb stur und sagte: »Ich zahle 9 Kühe.«

Der Häuptling war noch nie mit einer derartigen Situation konfrontiert gewesen und berief den Ältestenrat ein. Nach langer Diskussion beschloss dieser, dass der Mann die 9 Kühe bezahlen darf.

Die Hochzeit war ein rauschendes Fest, und am Tag danach segelte der Freund weiter mit dem Versprechen, nach ein paar Jahren wieder zu Besuch zu kommen.

Wie versprochen legte fünf Jahre später eine Yacht am Steg des kleinen Dorfes an, und der Mann, der von Bord ging, war ganz aufgeregt, seinen Freund wiederzutreffen. Die erste Frau, die er sah, war eine unglaublich attraktive Frau mit einem kleinen Kind auf dem Arm. So strahlend und schön, viel attraktiver als jede Frau, die er je zuvor gesehen hatte. Vor lauter Ehrfurcht traute er sich gar nicht, sie anzusprechen. Er fand seinen Freund, der ihn unter Jubel willkommen hieß und ihm ein köstliches Essen vorsetzte. So gut hatte der Weltreisende noch nie gegessen.

Das Fleisch war zart. Die Hütte war wohnlich eingerichtet, stilvoll und versprühte eine heimelige Atmosphäre. Der Freund erzählte, dass seine Frau die Königin der Jägerinnen sei und bald sein zweites Kind gebären würde.

»Du hast sie ja schon gesehen«, sagte der Freund, »unten am Steg.«

»Das war nicht deine Frau«, sagte der Segler. »Die Frau dort unten war die schönste Frau, die ich je gesehen habe.«

Und während er dies sagte, kam sie zur Hütte, und er erkannte sie voller Staunen. »Was um alles in der Welt ist der Grund, dass du dich so radikal verändert hast?«, fragte er sie. Sie lächelte ihr liebreizendes Lächeln und antwortete: »Mein Mann hat 9 Kühe für mich bezahlt und behandelt mich jeden Tag unseres gemeinsamen Lebens so großartig, wie es nur eine 9-Kuh-Frau verdient. Also konnte ich gar nicht anders, als mich in eine 9-Kuh-Frau zu verwandeln: Genau die Frau, die er immer in mir gesehen hatte.«

(nach McGerr 2016)

3 BLAMING[8]: WARUM VERMEIDE ICH VERANTWORTUNGS-ÜBERNAHME?

Agile Führung »lebt« von der Fähigkeit der verantwortlichen Akteure, sich selbst neu zu erfinden und dabei den bequemen Weg durch das Lamento (über die schlechten Rahmenbedingungen, Ungerechtigkeiten usw.) und das Blaming (im Sinne des Vorwurfs an andere) zu meiden. Im Lamento klagen wir über die selbst auferlegten Beschränkungen unseres Ichs, und im Blaming (er)finden wir immer und immer wieder Rechtfertigungen dafür, dass unsere Spontanreaktion jeweils gerechtfertigt und *keine* Neuauflage (»Rekonstellierung«) vergangener Gewissheiten sei. Wer agil führt, ist darin geübt, weder im Lamento, noch im Blaming zu versinken; vielmehr ist er oder sie in der Lage, klar zu erkennen, wie man für sein eigenes Handeln Verantwortung übernimmt, indem man den eigenen tiefen Motiven seines Handelns beständig auf der Spur bleibt – im sicheren Bewusstsein dessen, dass wir den anderen nicht erkennen, sondern bloß verwechseln können.

Wie man ohne Schuldabladen oder den Versuch, durch Blaming das Opfer zum Täter zu machen, mit Fehlern oder gar schuldhaftem Versagen anderer umgehen kann, können wir von den Babemba, einem Stamm in Südafrika, lernen:

8 »Schuld abladen«.

> VERZEIHEN
>
> Wenn ein Stammesmitglied der Babemba in Südafrika ungerecht gewesen ist oder unverantwortlich gehandelt hat, wird er in die Ortsmitte gebracht, aber nicht daran gehindert wegzulaufen. Alle im Dorf hören auf zu arbeiten und versammeln sich um den »Angeklagten«. Dann erinnert jedes Stammesmitglied, ganz gleich welchen Alters, die Person in der Mitte daran, was sie in ihrem Leben Gutes getan hat. Alles, an das man sich in Bezug auf diesen Menschen erinnern kann, wird in allen Einzelheiten dargelegt.
>
> Alle seine positiven Eigenschaften, seine guten Taten. Seine Stärke und Güte werden dem »Angeklagten« in Erinnerung gerufen. Alle, die den Kreis um ihn herum bilden, schildern dies sehr ausführlich. Die einzelnen Geschichten über diese Person werden mit absoluter Ehrlichkeit und großer Liebe erzählt. Es ist niemandem erlaubt, das Geschehene zu übertreiben, und alle wissen, dass sie nichts erfinden dürfen. Niemand ist bei dem, was er sagt, unehrlich und sarkastisch.
>
> Die Zeremonie wird so lange fortgeführt, bis jeder im Dorf mitgeteilt hat, wie sehr er diese Person als Mitglied der Gemeinschaft schätzt und respektiert. Der ganze Vorgang kann mehrere Tage dauern. Am Ende wird der Kreis geöffnet, und nachdem der Betreffende wieder in den Stamm aufgenommen worden ist, findet ein fröhliches Fest statt.
>
> (Steinbach 2016a, S. 110)

Warum fällt uns eine ähnlich elegante Form des Umgangs mit Fehlern oder gar Schuld meist so schwer? Und: Warum vermeiden wir in bestimmten Situationen, in denen wir rücksichtslos, egoistisch und gar opportunistisch unsere eigenen Bedürfnisse in den Vordergrund gestellt haben, die Übernahme von Verantwortung und flüchten lieber in Klage oder Vorwurf? Die Antwort liegt auf der Hand: Indem wir andere »blamen«, können wir uns treu bleiben – selbst, wenn wir dadurch nicht nur uns, sondern auch nicht selten unsere Mitmenschen in Situationen manövrieren, in denen wir ihnen – gewollt oder ungewollt – Unrecht tun, sie verraten oder gar unaufrichtig sind und lieber lügen, statt um Verzeihung zu bitten. In solchen Fällen eigenen Fehlverhaltens bewegen wir uns durch Gewissenskonflikte mit Gefühlen der Ambivalenz und Dissonanz. Wir erkennen uns oft selbst nicht wieder und sind in stillen Stunden vielleicht sogar tief in unserem Herzen erschüttert darüber, was wir den anderen, die bislang (z. B. als Mitarbeitende, Freunde oder Partner/Partnerin) treu an unserer Seite waren, antun. Dieser innere Zustand ist kaum auszuhalten und erzeugt eine Spannung zwischen unserem realen Tun und unserem Ideal-Ich, die nach Auflösung drängt.

Wer dann in der Technik des gekonnten Schuldabladens »geübt« ist, kommt scheinbar leichter durch konflikthafte Phasen im Büro- sowie Familienalltag. Diese Technik kann ebenso wirksam sein, wenn es uns tatsächlich gelingt, uns selbst und dem Gegenüber einzureden, dass es an seinem Unglück bzw. dem Erlittenen gewissermaßen selbst schuld sei und unsere eigene Missetat eigentlich eine längst überfällige – gerechtfertigte! – Konsequenz auf sein bisheriges Verhalten ist. Dies ist der Zeitpunkt, an dem Geschichten umgedeutet, mit einer neuen Interpunktion versehen und Legenden erfunden werden. Auch die Geschichte der RAF (Rote-Armee-Fraktion) basiert auf einer Blaming-Praxis, wie sie Harald Bergsdorf kürzlich nachzeichnete:

> »*Zu den Kennzeichen der Propaganda der RAF gehörte es, eine Täter-Opfer-Umkehr zu betreiben, das heißt: Täter zu victimisieren und Opfer zu entmenschlichen – etwa als ›Kapitalisten-, Bullen- und Nazischweine‹. Um ihre Morde als Notwehr zu legitimieren, hatten die Terroristen schon in ihrem Konzept ›Stadtguerilla‹ von 1971 proklamiert: ›Stadtguerilla heißt, sich von der Gewalt des Systems nicht demoralisieren zu lassen.‹ Und noch in der Auflösungserklärung aus dem Jahre 1998 hieß es: ›Wir haben gewalttätige Verhältnisse mit der Gewalt der Revolte beantwortet‹*«
> *(Bergsdorf 2020, S. 6).*

Solche oder ähnliche Legendenbildung entlastet uns augenblicklich von quälenden Gewissenskonflikten – folgen wir doch bloß dem Ratschlag des griechischen Philosophen Epiktet, der wusste, dass es nicht die Dinge und Geschehnisse selbst sind, welche die Menschen bewegen, sondern ihre Sicht der Dinge und Geschehnisse. Voila! So lasst uns doch einfach umdeuten, was wir tun, und wir brauchen uns nicht länger zu rechtfertigen, Verantwortung zu übernehmen oder gar um Verzeihung zu bitten.

EIN GUTES VORBILD

Ein Mullah wollte seine Tochter vor den Gefahren des Lebens bewahren. Als die Zeit gekommen war und sie zu einer wahren Blume der Schönheit gedieh, nahm er sie zur Seite und klärte sie über die Gemeinheit und Hinterhältigkeit der Welt auf:

»Liebe Tochter, denke an das, was ich dir sage. Alle Männer wollen nur das eine. Die Männer sind raffiniert und stellen Fallen, wo sie nur können. Du merkst nicht, wie du immer tiefer in dem Sumpf ihrer Begierden versinkst. Ich will dir den Weg ins Unglück zeigen. Erst schwärmt der Mann von deinen Vorzügen und bewundert dich. Dann lädt er dich ein, mit ihm auszugehen. Dann kommt ihr an seinem Haus vorbei, und er sagt, dass er nur seinen Mantel holen wolle. Er fragt dich, ob du ihn nicht in seine Wohnung begleiten möchtest. Oben lädt er dich zum Sitzen ein und bietet dir Tee an. Ihr hört gemeinsam Musik, und wenn die Stunde gekommen ist, wirft er sich plötzlich auf dich. Damit bist du geschändet, wir sind geschändet, deine Mutter und ich. Unsere Familie ist geschändet, und unser Ansehen ist hin.«

Die Tochter nahm sich die Worte des Vaters zu Herzen. Einige Zeit später kam sie stolz lächelnd auf ihren Vater zu. »Vati, bist du ein Prophet? Woher hast du bloß gewusst, wie sich alles abspielt? Es war genau so, wie du es beschrieben hast. Erst hat er meine Schönheit bewundert. Dann hat er mich eingeladen. Wie durch Zufall kamen wir an seinem Haus vorbei. Da merkte der Ärmste, dass er seinen Mantel vergessen hatte und, um mich nicht allein zu lassen, bat er mich, ihn in seine Wohnung zu begleiten. Wie es der Anstand befiehlt, bot er mir Tee an und verschönerte die Zeit mit herrlicher Musik. Nun dachte ich an deine Worte, und ich wusste, was auf mich zukommt, aber du wirst sehen, ich bin würdig, deine Tochter zu sein. Als ich den Augenblick nahen fühlte, warf ich mich auf ihn und schändete ihn, seine Eltern, seine Familie, sein Ansehen und seinen guten Ruf!«

(Peseschkian 1979)

Letztlich bleibt in dieser Geschichte offen, wer in Wahrheit die »Schuld« trägt; entscheidend ist die Uminterpretation bzw. Neuinterpunktion des Geschehens. Die Erfolgsstrategie des Schuldabladens (Blamings) ist nicht neu. Sie ist eine alte, bewährte und geradezu beliebte Form, um gegenüber den Menschen das Gesicht wahren zu können, denen man Unrecht angetan hat. So berichtet Leo Tolstoi, der russische Zar habe den Polen so sehr geschadet, dass ihm nichts anderes übrig zu bleiben schien, als sie schlechtzumachen. Dadurch versuchte er, seinen unerklärbaren Untaten eine moralische Rechtfertigung nachzuschieben, um letztlich auch das historische Urteil zu seinen Gunsten zu beeinflussen:

» Er hatte den Polen schweres Unrecht zugefügt, und um dieses Unrecht zu rechtfertigen, musste er sich die Überzeugung erhalten, dass alle Polen Schurken seien. Und er hielt sie in der Tat dafür und hasste sie: Er hasste sie in dem Maße, wie er ihnen Unrecht getan hatte « (Tolstoi 2017, S. 64).

In ganz ähnlicher Weise rechtfertigte die Apartheid in Südafrika über Jahrhunderte ihre brutale Rassentrennung, indem sie den Farbigen ihr Menschsein absprach, sie für alle erdenklichen Probleme verantwortlich machte und sie gar mit Tieren verglich – bloß, um auf diesem Wege das eigene Unrecht, das sie ihnen antat, zu bagatellisieren. Ähnlich ist auch die Nazi-Propaganda gegen die Juden zu verstehen: Der Massenmord wurde durch eine vermeintliche »Schuld« der Juden bzw. des »Weltjudentums« zu legitimieren versucht. Diese durchschaubare Technik, durch Schuldabladen das eigene Unrecht zu »rechtfertigen«, das Opfer zum Täter und sich selbst zum Opfer umzudeuten, nennen wir im vorliegenden Text das Tolstoi-Syndrom.

Auch Psychotherapeuten kennen solche – durchschaubaren, aber wirksamen – Formen des nachgeschobenen Schuldabladens, um das eigene Gewissen zu beruhigen. Da wird der betrogene Ehemann nachträglich zum beziehungsunfähigen Autisten oder gar übergriffigen Unhold umgedeutet, oder die ebenso betrogene Ehefrau wird als kalt, frigide und lieblos charakterisiert – einzig und allein aus dem Grund, die eigene Skrupellosigkeit des Umgangs mit dem langjährigen Partner nachträglich als einen gerechtfertigten und vielleicht längst überfälligen Akt der Befreiung erscheinen zu lassen. Dabei geht es den Blamern weniger um die historische Rechtfertigung als vielmehr um eine soziale: Sie beeinflussen durch das gekonnte Schuldabladen das Urteil ihrer Familie und Freunde sowie des sozialen Umfelds zu ihren Gunsten.

Der Nutzen einer solchen Umdeutung lässt sich darin sehen, dass sie die Kommunikationsform mit dem Gegenüber neu definiert. Der andere macht einem nicht länger als Opfer das Leben schwer, man kann ihn vielmehr selbst als den Ursprungstäter mit seinen Untaten konfrontieren und ihm das Leben schwermachen! Bei jeder Tat können Sie ihm zurufen: »So, jetzt sind wir quitt!« Letztlich kann es einem sogar gelingen, sich mit den Techniken des Tolstoi-Syndroms selbst vom Täter zum Opfer zu wandeln. Der Effekt dieser Wandlung ist nicht zu unterschätzen! Die anderen bedauern Opfer, während sie Täter ablehnen und verurteilen!

Wie alle Arzneien haben aber auch die Techniken des Tolstoi-Syndroms ihre Risiken und Nebenwirkungen. Auf der Packungsbeilage der Tolstoi-Techniken müsste die Warnung zu lesen sein, dass diese Techniken nur Symptome lindern können, aber nicht an die inneren Wurzeln ihres verletzenden Tuns heranreichen. Sie versprechen vorläufige Beruhigung, aber keine Heilung! Schuldabladen kann deshalb zwar für die Bewältigung akuter Gewissenskonflikte ausreichend sein und gerade in hektischen Zeiten rasche Linderung ermöglichen. Mittel- und langfristig drohen uns die Techniken des gekonnten Schuldabladens jedoch in dem immer Selben gefangen zu halten. Als Werbeslogan gefasst könnte die Einladung zum gekonnten Schuldabladen lauten: *»Üben Sie sich im Schuldabladen, und Sie können – zunächst einmal – bleiben, wer sie sind!«* – immerhin auf den ersten Blick eine Aussicht auf Linderung bei akuten Schuldgefühlen.

Vieles bleibt uns dann erspart, wenn wir gekonnt umdeuten und beschuldigen können: Wir handeln in bestimmten Lagen z. B. unangemessen, ungerecht oder unangepasst und geraten in grundlegende Gewissenskonflikte. Dann greifen wir gerne zu den Tolstoi-Tools, ohne das Problem an der Wurzel zu packen und z. B. die Frage aufzuwerfen, warum wir gerade mit dem uns nahen Menschen eine solche Krise vom Zaun brechen? Was treibt uns dabei? Welcher innere Klärungs- und Reifungsschritt stünde eigentlich an? Oder: Was ruft mir diese Krise über mich selbst und mein Erlebtes in Erinnerung? Wozu benutze ich gerade einen nahen Menschen, um meinen inneren Konflikt nicht zu lösen, sondern im Außen zu rekonstellieren?

All dies sind schwierige, auf uns selbst zurückweisende Fragen, deren Bearbeitung unangenehm ist, weil sie uns zur Selbstreflexion, Verantwortungsübernahme, Umkehr, Wiedergutmachung und Verzeihen führen könnten. Das Tolstoi-Syndrom erspart uns solche umständlichen und anstrengenden inneren Bewegungen und verspricht raschere Linderung, aber die Risiken und Nebenwirkungen sind enorm: Es verbaut uns den Weg zur Selbsteinsicht und Selbstveränderung! Gleichwohl markieren die »Freuden der moralischen Selbstbeweihräucherung«, von denen bereits William James sprach (vgl. Hermann 2019, S. 33), eine verbreitete menschliche Reaktionsform im Umgang mit der eigenen Schuld:

> >> *Wenn andere einen enttäuscht haben, vergessen wir das nie; wenn wir Mist gebaut haben, dann finden wir einen Weg, das positiv zu deuten* << (ebd.).

»Doch sei's drum!« – denken wir meist. Menschen müssen bisweilen alt werden, bevor sie zu den Wurzeln ihres eigentlichen Selbst gelangen, und wer weiß schon, ob wir dies noch erleben. Dieses eigentliche Selbst ist ja vielleicht auch bloß eine Schimäre – ein ständig entschwindendes Ziel. Zwar sagen Psychologen, dieses eigentliche Selbst beinhalte den Quellcode unseres Wesens und zeige uns den Weg zu einer wirklich freien Entwicklung.

Doch warum soll ich dazu vorstoßen? In ihm seien die frühen Geheimnisse und Impulse unserer Seele tief eingeschlossen, welche die Möglichkeiten unseres Denkens, Fühlens und Handelns quasi hinter unserem Rücken bestimmen, weshalb wir nicht unser eigentliches Leben leben, sondern übernommenen Mustern folgen – so wird uns erklärt. Wenn wir diesen auf die Schliche kämen, wüssten wir genauer, was uns treibt und uns auch dazu verführt, anderen tiefes Unrecht anzutun, nur um auch weiterhin in der eigenen emotionalen Gewissheit verbleiben zu können. Und um uns das eigene seelische Wachstum nicht zu verbauen, müssten wir lernen, die erdrückende Verantwortung für unser Tun selbst tragen zu lernen, statt diese einfach dem gekränkten, verratenen oder betrogenen Gegenüber noch zusätzlich in die Schuhe zu schieben.

In nachdenklichen Stunden werden aber auch die Blamer bisweilen aufgerüttelt und drohen in Selbstzweifel abzurutschen. Sie fragen sich dann, warum sie z. B.

- eher zurückhaltend oder auffallend leutselig sind
- mit Mitarbeitenden stets ähnliche Probleme haben oder
- gegenüber Autoritäten oft sprach- und mutlos werden
- in Liebesbeziehungen immer und immer wieder an dieselbe Stelle gelangen, an der sie aufgeben und sich nicht weiter öffnen wollen

und müssen sich dann bei all diesen oder ähnlichen Verhaltensweisen fragen, ob sie unangemessen handeln oder ob sich das Gegenüber tatsächlich falsch benimmt. Sie begreifen dann: Indem sie plötzlich Unverstehbares tun, dem bis dahin vertrauten oder geliebten Menschen in den Rücken fallen, ihn betrügen oder verraten, handeln sie auch aus tiefen Motiven Ihrer Seele heraus, aber oft verstrickt in ein schlechtes Gewissen, das sie lähmt und belastet. In der Seele der Blamer streubt sich oft alles gegen die (Selbst-)Einsicht, dass sie gerade in Konflikten und Verstrickungen sowie Trennungen eigenen emotionalen Mustern folgen, die zutage treten lassen, was in ihnen schon immer zum Ausdruck drängte. Diese Muster zu verstehen und zu überwinden wäre ein Weg zur heilenden Entwicklung der eigenen Persönlichkeit – raten uns Psychologen. Der Blamer aber meidet mit guten Gründen diesen Weg, indem er den beschriebenen Ausweg wählt, seine Schuld umzukehren, und alles daransetzt, das Opfer seiner Handlungen zum eigentlichen Täter umzudeuten – ein leicht durchschaubarer, aber durchaus wirksamer Taschenspielertrick, der zweifelsohne zahlreiche Vorteile bietet.

Bei der Schuldabladung entsteht zunächst eine große Erleichterung in uns, da wir bleiben »dürfen«, wer wir sind. Indem es uns vor uns selbst und anderen tatsächlich gelingt, das Verhalten, das wir an den Tag gelegt haben, nicht als Fehlverhalten verantworten zu müssen, sondern als eine unvermeidbare Konsequenz der vorausgegangenen Übeltaten des Opfers unseres Tuns, entschlüpfen wir unserer eigenen Täterschaft. Als Täter meiden wir so um jeden Preis das Schuldeingeständnis, da wir uns selbst zum Opfer des Opfers unseres eigenen Tuns machen können – ein genialer Schachzug der Verantwortungsvermeidung! Was kümmert es uns wirklich, wenn wir diesen Weg der Schuldumkehr wählen, dass wir auf diesem Weg andere tiefgreifend verletzt haben und selbst nicht zur Selbsterkenntnis und Reifung gelangen werden, sondern im Wiederholungsmodus weiter durch unser Leben torkeln?

»Victim Blaming« nennen Rechtswissenschaft und Psychologie die Techniken des Tolstoi-Syndroms und versuchen, uns dadurch davon abzuhalten, uns in den Blaming-Techniken selbst wirklich zu perfektionieren und diese gekonnt und wirksam einsetzen zu lernen. Dabei wird schweres Geschütz aufgefahren, da Victim Blaming insbesondere in Strafprozessen gegen Vergewaltiger als bewährte Verteidigungsstrategie von den Anwälten der Vergewaltiger perfektioniert wurde. Man versucht, dem Vergewaltigungsopfer die Verantwortung für die erlittene Tat in die Schuhe zu schieben, um den Täter selbst reinzuwaschen. Der Psychologe William Ryan schilderte bereits 1971 in seinem Buch *Blaming the Victim* auch Versuche, den amerikanischen Rassismus gegenüber Afroamerikanern durch erfolgreiche Schuldablade-Formen zu »legitimieren« (vgl. Ryan 1971) und der eigenen Verantwortungsübernahme auszuweichen. Schön und gut! Dieser üblen Tradition will sich kein Blamer verbunden fühlen, geht es ihm doch lediglich, darum an einer Lesart seines Tuns zu stricken, die ihn in ein besseres Licht rückt und als vermeintlichen Täter reinzuwaschen vermag. Verena Kast beschreibt diese Technik mit den Worten:

» *Es ist bei Schuldgefühlen wichtig, sich zu fragen, was in die Verantwortung genommen werden muss. Es ist aber ebenso wichtig, zu akzeptieren, dass Schuldgefühle unausweichlich zu unserem Leben gehören. Die Schuldgefühle können natürlich sehr weit gehen, und es gibt auch viele Formen der Abwehr von Schuldgefühlen. Die bekannteste ist das Suchen von Sündenböcken* « *(Kast 1998, S. 155).*

Dies klingt so, als würde dem Blamer eine Reifungschance genommen, wenn er nicht zur Schuldübernahme und zur seelischen Integration seines dunklen Anteils bereit sei – eine Einladung zu einer Art Buße, die man doch mit guten Gründen vermeiden möchte. Die Frage ist doch, wollen Sie voranschreiten oder zurücktorkeln, aufarbeiten oder gar zu den unangenehmen Seiten Ihres Tuns stehen? Wozu die ganze Mühe, sagt sich der Blamer, wenn wir die Angelegenheit doch durch erfolgreiches Blaming des Opfers vom Tisch bringen können? Zumindest rasch, wenn auch vordergründig.

Selbsterkenntnis und Reifung sind anstrengend, erfordern Selbstdisziplin und kosten Seelenkraft. »Warum sollen wir uns in der uns bleibenden Zeit damit aufhalten?«, fragen sich so manche erfolgreichen Blamer.

Und: »Was winkt als Belohnung, die stärker wiegt als das unbeschwerte Fortschreiten durch die Events der sich auftuenden – scheinbar neuen – Möglichkeiten? Und wer vermag zu sagen, was Reifung tatsächlich ist? Wer kann uns die Vorzüge einer durch die Bewältigung von Krisen und Verstrickungen zur Selbstverantwortung gereiften Persönlichkeit wirklich überzeugend schmackhaft zu machen?«

Sicherlich, es gibt aus der psychotherapeutischen Forschung wohlbegründete Hinweise darauf, dass die Verdrängung von eigenen Mustern uns gewissermaßen dazu verdammt, deren Impulsen immer und immer wieder zu folgen – so lange, bis wir das Muster selbst in uns fokussieren und überwinden konnten. Das klingt nach Seelenarbeit und ist für viele wenig verlockend! Winkt doch allen, die einer solchen anstrengenden Selbsterkenntnis und Selbsttransformation ausweichen, der Lohn des berechenbaren Lebens:

- Sie wechseln dann zwar viele Male ihren Arbeitsplatz, weil der Chef oder die Chefin sich ihnen gegenüber »unmöglich« verhalten hat, bis es ihnen vielleicht ganz allmählich dämmert, dass sie es selbst sind, die dabei – unbewusst – beständig dieselbe Lage wiederholen – doch ist das Leben dann meist ohnehin fast vorbei!

- Sie gelangen immer wieder mit ihren Beziehungspartnern zu einer Vorwurfsliste, deren Grundvorwürfe zwar ähnlich lauten, sich aber an die jeweils aktuellen Partner richten, von denen sie sich gerade – mit den immer ähnlichen Argumenten – trennen wollen, um sich neu zu orientieren.
- Sie imaginieren die erfüllende Lebensperspektive mit einem fernen, nur schwer erreichbaren Partner, weil sie die unmittelbare Nähe mit dem Menschen an ihrer Seite nicht zu gestalten wissen oder schlichtweg nicht aushalten.
- Oder sie bleiben dauerhaft ohne wirkliche Freunde, weil sie immer wieder an den Punkt gelangen, anderen bescheinigen zu »müssen«, dass sie eigentlich keine richtigen Freunde seien.

> Die agile Führungskraft begnügt sich nicht mit solchen kurzfristig gangbaren, aber langfristig nicht wirklich weiterführenden Wegen. Sie ist in der Transformation ihres Selbst fortgeschritten und meidet Wege des Lamentos und des Blamings – so reizvoll auch kurzfristige Entlastungseffekte sein mögen.

Agile Führungskräfte kennen die Anregungen der modernen Psychologie und Psychotherapie zu der Frage, wie man sich selbst auf die Schliche kommen kann, um die verborgenen Muster, die das Denken, Fühlen und Handeln in den wechselnden Lebenslagen bestimmen, in sich selbst aufzuspüren und nachhaltig zu verändern. Sie wissen, dass sie erst, wenn ihnen eine innere Loslösung von den vertrauten Mustern gelungen ist, wirklich zu *den* Menschen werden können, die sie sein könnten. Und sie haben verstanden, dass sie auch erst dann das jeweilige Gegenüber mehr und mehr so verstehen können, wie dieses sich selbst meint. Dieser Weg ist kein Spaziergang durch den Lustgarten des Erlebens. Und sein Ausgang ist durchaus ungewiss. Deshalb meiden ja auch Blamer und Blamerinnen diesen Weg und folgen lieber weiter unbeirrt ihrem undurchschauten inneren Programm. Dabei belächeln sie all diejenigen, die sich daran abarbeiten und damit aufhalten, ihr Leben dadurch zu vertiefen, dass sie sich selbst verstehen und schrittweise verändern, indem sie eigene Muster durchschauen und aus ihnen aussteigen. Dieser Weg erfordert Geduld und längere Eigenarbeit, um allmählich den Finger, der auf den anderen zeigt, aus dem Fokus zu nehmen und zu sehen, dass gleichzeitig andere Finger der eigenen Hand auf Sie selbst zurückweisen. Und: Dieser Weg der Selbstarchäologie und Selbstveränderung führt auch nicht unmittelbar zum Erfolg, vielmehr ertappen wir uns immer wieder, wie wir so lange auf der alten vertrauten Straße unterwegs sind, bis wir endlich in der Lage sind, eine andere Straße zu wählen.

AUTOBIOGRAFIE IN 5 KAPITELN

Kapitel 1

Ich gehe die Straße entlang.

Da ist ein tiefes Loch im Gehsteig. Ich falle hinein.

Ich bin verloren … ich bin ohne Hoffnung. Es ist nicht meine Schuld.

Es dauert endlos, um wieder herauszukommen.

Kapitel 2

Ich gehe dieselbe Straße entlang. Da ist ein tiefes Loch im Gehsteig. Ich tue so, als sähe ich es nicht. Ich falle wieder hinein.

Ich kann nicht glauben, schon wieder am selben Ort zu sein. Aber es ist nicht meine Schuld.

Immer noch dauert es sehr lange, um wieder herauszukommen.

Kapitel 3

Ich gehe dieselbe Straße entlang. Da ist ein tiefes Loch im Gehsteig. Ich sehe es.

Ich falle immer noch hinein … aus Gewohnheit. Meine Augen sind offen. Ich weiß, wo ich bin. Es ist meine eigene Schuld.

Ich komme sofort wieder heraus.

Kapitel 4

Ich gehe dieselbe Straße entlang. Im Gehsteig ist ein tiefes Loch. Ich gehe darum herum.

Kapitel 5

Ich gehe eine andere Straße entlang.

(Nelson 1977)

Blamer fragen sich oft: Ist eine solche Anstrengung und selbsteinschließende Reflexion wirklich nötig? Ist das Leben nicht viel überschaubarer, wenn wir mit dem auf andere weisenden Zeigefinger durch das Leben schreiten und uns in allem, was wir tun und anderen antun, berechtigt fühlen können – selbst bei der gröbsten Lieblosigkeit gegenüber anderen? Ist diese Entschiedenheit nicht auch Ausdruck eines gesunden Selbstvertrauens? Sind Blamer nicht die eigentlich Gesunden, weil sie wissen, wie man erfolgreich überlebt? Oder sind sie nur durchschaubare Opportunisten, deren Handeln dem Grundsatz folgt »Gut ist, was mir nützt«?

Der Blamer lebt frei von solchen Selbstzweifeln drauflos. Er ist die Inkarnation des Tatmenschen, der sich nicht stoppen lässt. Wozu die Täterrolle verteufeln, die keiner gerne zu spielen scheint. Blamer meinen, sicher zu wissen, dass nur Schwächlinge sich die Opferrolle aus lauter Hilflosigkeit selbst aussuchen – eine Tendenz, die auch eher sozial konform daherkommt. Ihr Blaming folgt einem nüchternen Kalkül: Das Opfer verdient mehr Verständnis und bisweilen gar mehr Mitleid als der Täter. Nur deshalb perfektionieren sie die Handhabung des Blamings, um letztlich nicht der unbeliebte Täter zu sein. Sie lassen mit einigem Geschick ihre Tat als lange überfällige Reaktion auf selbst erduldetes Unrecht erscheinen und erwirken dadurch Verständnis, gar Empathie in den Augen der anderen und relativieren so gekonnt ihre eigene Täterschaft vor anderen und sich selbst – eine Meisterleistung. Die eigentlichen Könner und Erfolgsmenschen – die Manager des Jahres sind in den Unternehmen häufig erfolgreiche Blamer, die Misserfolge zu kaschieren oder anderen in die Schuhe zu schieben verstehen. Sie wissen genauestens um ihre Täterschaft, aber es geht ihnen – in bisweilen nüchternem Kalkül – um die Sicht der anderen, d. h. um ihr eigenes Image bzw. ihre soziale Identität. Erfolgreiche Blamer sind letztlich als Marketingspezialisten in eigener Sache unterwegs und kommen besser weg. Sie beherrschen die Schritte eines erfolgreichen Blamings in Perfektion (s. Tafel 7).

Eine besonders wirksame Version der Erfolgsstrategie »Schuld abladen« ist die beständige Retusche der eigenen Lebensbilanz – getreu dem Motto von Max Frisch »Jeder erfindet sich früher oder später eine Geschichte, die er für sein Leben hält!« (Frisch 1976, S. 45). Diese Retuschierung beginnt für das leidtragende Gegenüber meist mit einem erschreckenden Wechsel der Tonlage im Beziehungsgespräch. Plötzlich und unerwartet klingt alles unversöhnlicher, konfrontativer, leidender und liebloser – ein deutlicher Hinweis darauf, dass »etwas im Busch ist«. Das Gegenüber hat etwas zu verbergen. Es hat alle Hände voll zu tun, um sich sein aktuelles Tun wie neu – als berechtigte Reaktion – zurechtzulegen und irgendwie mit seinem sonstigen Leben und den bislang gelebten Grundsätzen wieder in Einklang zu bringen. Und was liegt dabei näher, als das Opfer des opportunistischen Tuns selbst schlechtzureden, damit das, was man diesem Menschen zugefügt hat oder dabei ist zuzufügen, letztlich gerechtfertigt erscheint. Aus dem »Niemals hätte ich gedacht, dass ich ihm/ihr das antun kann!« wird ein »Er/Sie hat es nicht anders verdient!« – so lautet das Schuldumkehr-Mantra der Blamer. Und weil dieser Vorwurf letztlich auch Belege benötigt, »brauchen« Blamer einen inneren Vorrat an unverziehenen Fehlern des Gegenübers, die ausgekramt, aufgebauscht und zur eigenen Entschuldigung genutzt werden können.

Schritte	Strategien
Berechtigung	das eigene Verhalten als berechtigte »Selbstverteidigung« gegen vermeintlich erduldetes Unrecht erscheinen lassen (»Was ich mache, ist die Reaktion auf etwas Schlimmes, das mir angetan wurde!«)
Lamento	die eigene Leidensgeschichte ausschmücken und selektiv interpunktieren (»Wer hat angefangen?«)
Angriff	Vorwürfe durch Schlüsselsituationen illustrieren, mögen diese auch noch so punktuell sein oder gar weit zurückliegen und dabei aus einer Mücke einen Elefanten machen
Mehr-Desselben	das gemeinsam Erlebte zu einer Ansammlung der immer gleich schlechten Erfahrungen umdeuten
Entschuldigung	das eigene Tun bagatellisieren, indem man in der eigenen Erzählung alles, was gut gewesen ist, zum Verschwinden bringt und aus den »Mücken« des Gegenübers »Berechtigungs-Elefanten« für das eigene Tun macht

Tafel 7: Schritte und Strategien eines »erfolgreichen« Blamings

Für die erschrockenen Partner oder Mitarbeiter ist der plötzliche Wandel der Tonlage ein Frühwarnsignal (obgleich es dann auch meistens schon zu spät sein kann). Es gilt die Faustregel:

Wenn dein vertrautes Gegenüber plötzlich nur noch schlecht über das bisherige gemeinsame Leben redet und beginnt, dich für seine Gefühle verantwortlich zu machen, dann kannst du das als ein sicheres Indiz dafür nehmen, dass er oder sie sich in einem Selbstrechtfertigungsnotstand befindet und etwas getan hat oder dabei ist zu tun, bei dem er oder sie sich selbst eigentlich nicht wiedererkennt.

Für den Täter selbst ist dafür die (Lebens-)Bilanzfälschung eine naheliegende Rationalisierungsstrategie. Als »Rationalisierung« bezeichnet man in der Psychologie das Bemühen, sein eigenes Denken, Fühlen und Handeln vernünftig und nachvollziehbar – vor allem: gerechtfertigt – erscheinen zu lassen. Dies kann sich allerdings als durchaus schwierig erweisen – vor allem dann, wenn der Partner einem immer treu und verantwortlich zur Seite gestanden hat und man eigentlich nur schwer einen echten Vorwurf glaubwürdig artikulieren kann. Dann muss man nicht bloß dessen Fehler überdimensional hervorheben und aufblasen, man muss sich auch darum bemühen, sein zugewandtes und unterstützendes Beziehungsverhalten als letztlich selbstsüchtig und egoistisch erscheinen zu lassen.

Ungebremster eigener Egoismus lässt sich am besten durch Egoismusvorwürfe an den anderen kaschieren. »Ja, er war immer der Fels in der Brandung, und ich konnte mich stets auf ihn verlassen. Aber in Wahrheit ging es ihm doch bloß um sich. Er tat das alles bloß, weil er wollte, dass ich ihm dankbar bin!« – so oder ähnlich sehen solche Retuschierungen einer Lebensbilanzfälschung aus.

Wer sich anschickt, die gemeinsame Lebensbilanz zu fälschen, der sollte deshalb zunächst damit beginnen, alle guten und liebenswerten Aspekte am Verhalten seines Gegenübers zu relativieren. Dafür kann es sich als nützlich erweisen, zunächst einmal eine Art Stoffsammlung anzufertigen, bei der alle diese guten Aspekte untereinander aufgeführt und dann durch eine Ja-aber-Brille umgedeutet werden. Dadurch fälschen erfolgreiche Blamer gekonnt das bisherige Bild ihres Gegenübers in eine Richtung, bei der der bis dato vertraute Partner schlechter wegkommt. Nur bei einer solchen Schwarz-Weiß-Verfärbung des Bildes können Blamer ihre eigene Rolle neu deuten und das eigene Verhalten begründen. Alle Ja-abers zusammengenommen lassen Ihre eigene Tat zwar dann nicht sogleich als vollumfänglich gerechtfertigt dastehen, aber sie erscheint in einem anderen Licht. Der Keim ist gesät.

Kollegen und Kolleginnen oder Freunde und Familie verstehen einen dann vielleicht immer noch nicht, aber sie können nachvollziehen, das man »bei so einem Partner« schon verstehen kann, wenn es einem irgendwann mal reicht. Blamer folgen intuitiv der Erfahrung, dass »nie (irrt), wer sich auf die Seite des Opfers schlägt« (Giglioli 2016, S. 9). Die Opferrolle verleiht Prestige und erleichtert die Lebensbilanzfälschung. Die eigene Tat gerät zur Rechtfertigung des Aufstehens gegen vermeintlich erduldetes Unrecht: »Ich habe es einfach nicht mehr ausgehalten!« – lautet die allen Egoismus verhüllende Parole.

Der Blamer weiß zwar, dass er sein Tun auf diese Weise nicht wirklich glaubwürdig durch die Missetaten des Gegenübers (z. B. des Ehemanns, Chefs) begründen kann, aber es geht ihm – wie gesagt – um sein Image. Tief in seiner Seele spürt er zwar selbst, dass seine Art, das Leben zu führen und sein Glück zu spüren, vornehmlich eigenen Wiederholungsmustern entspringt, die ihn in seinem Leben immer wieder in ähnliche Situationen bringen, doch meidet er den Weg der Selbstreflexion wie der Teufel das Weihwasser. Er hat Angst, sich auf diesen Weg zu begeben, von dem er nicht weiß, wo dieser ihn hinführen wird.

Die guten Seiten des Gegenübers (Beispiele) …	… mit der Ja-aber-Brille neu gesehen
Er stand mir immer treu zur Seite …	… aber er war nicht genügend im Gespräch.
Er hat Verantwortung übernommen …	… aber nur, um sich einzuschmeicheln.
Er war behutsam und friedvoll …	… aber mir fehlte seine klare Präsenz.
Er hat ein großes Herz …	… weil er sich als Gutmensch zeigen wollte.
Er war um mich besorgt …	… nur aus Eigennutz, um mich zu betören.
Er hat auch anderen immer geholfen …	… immer nur, um sich als Wohltäter zu fühlen.
Auch wenn es länger dauerte, hat er mir meine Wünsche erfüllt …	… aber er hat mir zu lange Wartezeiten zugemutet.
Fazit: Das hat er eigentlich nicht verdient.	Fazit: Er hat es nicht anders verdient.

Tafel 8: »Erfolgreich« Blamen mit dem Blick durch die Ja-aber-Brille

Damit die (Lebens-)Bilanzfälschung auch wirklich gelingt, ist es wichtig, sich nicht bei der müßigen Interpunktionsfrage aufzuhalten. Diese wurde von dem Kommunikationspsychologen Paul Watzlawick als ein wesentlicher Störfaktor für das Gelingen menschlicher Kommunikation analysiert. Im Kern geht es bei der Interpunktionsfrage darum zu erkennen, dass zwei Kommunikationspartner den Beginn ihres Missverständnisses ganz unterschiedlich definieren. Und weil beide glauben, nachweisen zu können, wann dieses begann und wer dafür verantwortlich ist, gelangen beide zu einem jeweils ganz anderen Film über das Geschehen. Während bei einem Ehepaar mit schwerwiegenden Beziehungsproblemen z. B. für die Frau ganz klar zu sein scheint, dass alles seinen Ursprung in den sexuellen Erwartungen und dem diesbezüglichen Druck ihres Ehemannes habe, dem sie bloß durch Rückzug und Verschlossenheit ausweichen konnte, stellt sich dies für ihren Ehemann ganz anders da: Für ihn war es der allmähliche Rückzug seiner Frau, welche ihn mehr und mehr zu einer verzweifelten Bemühung um Nähe und Zärtlichkeit hat greifen lassen, was aber lediglich dazu führte, dass seine Frau sich immer weiter zurückzog (vgl. Watzlawick et al. 2011, S. 65 ff.). Letztlich lässt sich die Frage nach dem Beginn dieses Missverständnisses nicht wirklich klären. Das einzig Sinnvolle zur Beendigung des Missverständnisses wäre es, im gegenseitigen Einvernehmen aus diesem Kreislauf auszusteigen und nicht länger die Frage nach der Schuld zu stellen. Nur auf diesem Wege ist – so lehren uns die Kommunikations- und die Paarpsychologie – ein allmählich neu reifendes Einverständnis zwischen den Beziehungspartnern möglich.

Ganz anders stellt sich die Situation dar, wenn Sie kein Einverständnis suchen, sondern die Schuld Ihres Gegenübers »nachzuweisen« bemüht sind, weil Sie bereits etwas ganz anderes vorhaben. Dann müssen Sie die Interpunktionshoheit über das gemeinsame Leben unbedingt behalten, verteidigen und ausbauen. Dies gelingt Ihnen umso mehr, je erfolgreicher Sie damit sind, Ihr Gegenüber gar nicht zu Wort kommen zu lassen. Sobald Sie seiner Schilderung zu lauschen beginnen, kann Ihr Verständnis für seine andere Sicht der Dinge wachsen. Sie fangen dann allmählich an, ihn zu verstehen und wanken in Ihrer Tolstoi-Strategie. Besonders hilfreich ist es deshalb, wenn Sie sich mit neuen Leuten umgeben, vielleicht gar einem potenziellen neuen Partner, der bloß Ihre Schilderung kennt und Ihre Lebensbilanzfälschung nicht durchschaut oder aus eigenem Opportunismus nicht durchschauen will. Sie können dann gemeinsam einen Neubeginn versuchen, bei dem der andere sich als Befreier und Sie sich als befreites Opfer eines jahrelangen Leidensprozesses fühlen »dürfen«.

Die ersten Wochen und Monate eines solchen Neubeginns (neuer Partner, neuer Arbeitsplatz, andere Vorgesetzte etc.) mögen die idealisierten Erwartungen erfüllen. Es ist gleichwohl nicht unwahrscheinlich, dass Ihnen recht bald deutlich wird, wie unhintergehbar selbstgemacht Ihre Erinnerungen sind. Spätestens dann erkennen Sie, welche eigenen unerledigten Entwicklungsfragen Ihrer Seele in der Lage, in die Sie sich und Ihr Gegenüber gebracht haben, zum Ausdruck kommen. Versuchen Sie dann nicht, einen Therapeuten oder eine Therapeutin davon überzeugen zu wollen, Ihr Handeln sei eine berechtigte Rebellion gegenüber dem Unglück, welches Sie mit Ihrem Partner oder Ihrer Partnerin jahrelang erdulden mussten. Dies würde Ihnen nur ein mitleidiges Lächeln einbringen und die Frage aufwerfen, was Ihnen denn Ihre Unglücksgefühle und Ausbruchsinszenierungen über sich selbst in Erinnerung rufen. So schreibt der bekannte Paarforscher und Therapeut Hans Jellouschek in seinem Buch *Warum hast Du mir das angetan?* zu der inneren Grundkonstellation, die in einer Dreiecksgeschichte aufbrechen kann:

> *» So gesehen wiederholen oder re-inszenieren sie (die drei Beteiligten; R. A.) in Dreieckskonstellationen frühere Beziehungsformen, beispielsweise eine bestimmte Vater-Mutter-Kind-Konstellation. Diese Wiederholung wird hier als ein – meist unbewusster – Versuch gesehen, ›unerledigte Angelegenheiten‹ aus der Kindheit mit dem Partner zu Ende zu bringen. Insofern handelt es sich ebenfalls um einen Ausgleichsversuch, der sich aber nicht auf die Gegenwart des Paares bzw. des Beziehungsdreiecks bezieht, sondern auf die Vergangenheit der Einzelpersonen und ihrer Herkunftsfamilien. Es geht dabei aber nicht darum, einen oder mehrere Beteiligte zu pathologisieren und ihnen auf diese Weise die ›Schuld‹ am kritischen Lebensereignis zuzuschieben. Vielmehr soll auf diese Weise deutlich werden, inwiefern in dieser Dreieckskonstellation Entwicklungsaufgaben, die in der Herkunftsfamilie liegengeblieben und auch in der Paarbeziehung nicht aufgegriffen worden sind, neu belebt und damit der Bearbeitung zugänglich gemacht werden « (Jellouschek 1999, S. 39).*

Sie hätten es doch wissen müssen! Plötzlich geraten Sie selbst in den Fokus, und es geht dabei nicht bloß um die Frage des »Was haben Sie getan?«, sondern Sie sehen sich sogar einer biografischen Verdächtigung ausgesetzt, die das »Warum?« völlig von Ihrem Gegenüber, welches Sie gerade so erfolgreich für alles verantwortlich zu machen begannen, weglenkt und nach Ihren eigenen frühen Kindheitsprägungen und Ihren eigenen emotionalen Entbehrungen fragt. Dies ist für Sie nicht bloß eine unerwartete Wendung, die Sie doch unbedingt vermeiden wollen; das Ganze klingt auch weniger nach Schuld, sondern mehr nach Schicksal, an dem keiner der beteiligten Akteure willentlich Schuld trägt – kein ungefährlicher Weg für Blamer, welche ihrer Tolstoi-Strategie der Lebensbilanzfälschung alle mühsam neu geschaffene Gewissheit zu nehmen droht.

> Agile Führungskräfte wissen, dass die Logik der eigenen Handlungsimpulse meist weit zurückreicht und die sich einstellenden Eindrücke und Beurteilungen wenig mit dem jeweils aktuellen Gegenüber zu tun haben. Ihnen fällt auf, wenn sie in aktuellen Lagen etwas wiedererkennen und dadurch verwechseln, ohne mit den tatsächlichen Motiven und Gegebenheiten des Hier-und-Jetzt wirklich in Resonanz zu sein.

Agile Führungskräfte erkennen, ob es tatsächlich liegen gebliebene Entwicklungsaufgaben sind, die sich ihnen plötzlich im fortgeschrittenen Lebenslauf erneut und mit aller Dringlichkeit stellen. Treibt Sie etwas aus Ihrem gewohnten Lebensraum, von Ihrem Arbeitsplatz oder der Seite Ihres geliebten Partners weg, den Sie nur noch schlechtreden, um alles, was Sie gerade in Ihrem Leben treibt, vor sich selbst zu rechtfertigen und mit nachvollziehbaren Gründen zu versehen, wissen Sie, dass Sie an der falschen Stelle suchen – nicht in der eigenen Prägungsgeschichte des Schicksals, sondern im Hier und Jetzt. Insbesondere dann, wenn Sie sich leichtsinnigerweise einem Therapeuten anvertraut haben sollten, wird der Ihnen relativ umgehend zu verstehen geben, dass Sie unbedingt damit aufhören sollten, im Hier-und-Jetzt etwas zu verändern und Ihr Leben zu retuschieren, nur um den schmerzlichen Schritt zu vermeiden, den eigenen Mustern auszuweichen, die da in Ihnen die Regie übernommen haben. Die bekannte Paartherapeutin Maya Storch gibt gar zu bedenken, dass eine solche Vermeidung durch Lebensbilanzfälschung uns letztlich immer und immer wieder dazu veranlasst, uns mit den in uns wirkenden Kräften – fälschlicherweise – »in der Außenwelt auseinanderzusetzen. Um eine Auseinandersetzung kommen wir in jedem Fall nicht herum«

(Storch 2002, S. 43). Erst die nachdenkliche Nachfrage des Erzählers der folgenden von Paul Watzlawick erzählten Geschichte führt uns zur eigentlichen Pointe:

DER VERLORENE SCHLÜSSEL

Unter einer Straßenlaterne steht ein Betrunkener und sucht und sucht. Ein Polizist kommt daher und fragt ihn, was er verloren habe, und der Mann antwortet: »Meinen Schlüssel.«

Nun suchen beide. Schließlich will der Polizist wissen, ob der Mann sicher ist, den Schlüssel gerade hier verloren zu haben, und jener antwortet:

»Nein, nicht hier, sondern dort hinten – aber dort ist es viel zu finster.«

Finden Sie das absurd? Wenn ja, suchen auch Sie am falschen Ort. Der Vorteil ist nämlich, dass eine solche Suche zu nichts führt, außer mehr desselben, nämlich nichts.
(Watzlawick 2009, S. 27)

Agile Führungskräfte wissen um solche Wiederholungen (»mehr desselben«) und suchen die Lösungen von Problemen auch in neuen Kontexten (z. B. in der eigenen – bevorzugten – Art, sich und die Welt auszuhalten. Anders Blamer und Blamerinnen: Wenn man ihnen mit solchen Überlegungen zu Leibe rückt, neigen viele dazu, die Beratung entrüstet abzubrechen, weil sie doch die Absicht merken und verstimmt sind. Ihre Erfolgsstrategie der Lebensbilanzfälschung wird plötzlich grundlegend hinterfragt und gerät ins Wanken. Man möchte sie auf sich selbst zurückverweisen, wo es ihnen doch so viel Arbeit gemacht hat, sich selbst endlich in die Opferrolle hineinzudeuten und das Opfer ihres Tuns zum Täter zu stilisieren. »Schuld« sind die heutigen Mitarbeiter oder Schüler und Schülerinnen, Chefs oder Ehepartner. Und vielleicht sind Sie ja auch schon innerlich unterwegs, an einem neuen Ort oder mit einer neuen Rettergestalt (ein idealisierter anderer Chef, Freund etc.) ein neues Leben zu beginnen, welches man Ihnen jetzt madigmachen will, indem man Ihnen nachruft: »Das Ungelöste wird dich einholen, und du wirst es immer wieder im Außen inszenieren, statt zu begreifen, was dich treibt!« Wahrscheinlich ist es aber dann bereits zu spät, selbstbewusst weiter mit der Lebensbilanzfälschung alleine voranzuschreiten. Eine tiefe Nachdenklichkeit hat Sie zu lähmen begonnen. Vielleicht riskieren Sie dann ja doch noch einen kurzen Blick in die aufgezeigte Richtung. »Wenn das alles so ist«, denken Sie vielleicht,

»dann würde dies ja bedeuten, dass ich meinen Partner oder die Kollegin, die ich gerade schlechtrede, überhaupt nicht so zu sehen vermag, wie er/sie ist, sondern bloß so, wie er/sie mir im Drama meiner inneren Ungelöstheiten eine Rolle spielen kann – das ist ja dann doppelt ungerechtfertigt!«

Damit wird auf den Mechanismus der Projektion verwiesen. Dieser setzt immer dann ein, wenn die Kräfte, die uns unbewusst zu einem bestimmten Verhalten animieren, nicht verstanden werden und wir sie deshalb auf das nahe Gegenüber projizieren. Konkret würde dies bedeuten, dass unsere Vorwürfe, die wir selbstentschuldigend sammeln, sich gar nicht auf das aktuelle Gegenüber beziehen, sondern bloß einen thematischen Kontext markieren, in welchem uns dereinst Verletzungen oder Entbehrungen zugemutet wurden, die wir als offene Frage in uns tragen. Man kann deshalb auch nicht als Führungskraft agil unterwegs sein und sich gleichzeitig als Experte der rückblickenden Lebensbilanzfälschung betätigen, da immer ein Stachel in der Seele bleibt, der einen mit der Frage traktiert, ob man da vielleicht beständig dabei ist, Kontexte und Konstellationen zu verwechseln.

Abwarten, In-sich-Gehen, statt in der Vorwärtsbewegung des Schuldabladens einen rascheren Ausweg aus der Situation zu suchen, klingen unbequem und mühevoll. Und der Ausgang einer solchen Selbstarchäologie bleibt ungewiss. Kennen wir nicht alle zahlreiche Menschen, die sich seit vielen Jahren erfolglos um eine Selbstveränderung bemühen und sich von ihren inneren Dämonen zu befreien versuchen? Mag ja sein, denken wir vielleicht, dass da eine alte Gewissheit in mir immer mal wieder die Regie übernimmt und mich zur Wiederholung alter Dramen drängt, aber was soll's? Dann sind diese halt ein Teil von mir, dem ich auch Raum geben muss, ohne beständig mit ihnen zu ringen. Und schließlich haben die wiederholten Neustarts im Wiederholungsmodus ja auch ihr Gutes: Es gibt immer wieder einen zunächst entlastenden Neubeginn, und den Eintrübungen, die dann folgen, kann man ja schließlich mit weiteren Neustarts begegnen. So bleibt das Leben schließlich auch ein Abenteuer, statt zu einer lähmenden Routine zu erstarren.

Wie unverbindlich klingt es demgegenüber, eine tiefenwirksame Selbstreflexion in Aussicht gestellt zu bekommen! Wer sich tatsächlich der Ausleuchtung seiner biografischen Hinterbühne für seine aktuelle Suchbewegung zuwendet – so deren Versprechungen –

» (…) und dieser nicht grundsätzlich ausweicht, um sich in der Borniertheit der Küchenpsychologie bequem einzurichten, hat die Chance, sich seiner eigentlichen Entwicklungsaufgabe zu stellen, um diese endgültig zu bewältigen und auch ihre zerstörerischen Kräfte, die seine aktuellen Beziehungen bedrohen können, allmählich zu überwinden. Er erwirbt dann z. B. auch wieder die Möglichkeit, mit anderen Augen auf sein aktuelles Gegenüber zu blicken und sich nicht länger mit wiederauflebenden Vorwürfen eine seelische Gemengelage im Außen (z. B. Dreierbeziehung) zu konstruieren, die doch in Wahrheit einer inneren – nicht-integrierten – Konfliktlage entstammt « (Arnold 2019b, S. 55).

Auch die Feststellung von Joe Dispenza »Wie unendlich viel der untrainierte Geist vor sich hinplappert, war ihnen vorher nie klar gewesen« (Dispenza 2016, S. 73) klingt im Vergleich zu den raschen Linderungen, die das Tolstoi-Syndrom uns eröffnet, wenig attraktiv. Agile Führungskräfte sind jedoch in der Lage, immer mal wieder gezielt dem frühen Gefühl hinter ihrem aktuellen Empfinden, dem Quellcode ihres eigenen Denkens, Fühlens und Handelns, nachzuspüren und bei dieser Suchbewegung durchaus auch fündig zu werden. Diese verbreitetste Form der Deutung seelischer Gemengelagen hat immerhin den Vorteil, dass sie einen aus dem Teufelskreis von Externalisierung, Wiederholung und Eskalation im Aktuellen hinauszuführen vermag. Sie erkennt in der aktuellen Eskalation stets einen Anlass, der Wiederholung und Externalisierung nachzuspüren und sich zu fragen: Was ruft die aktuelle Lage mir über mich selbst in Erinnerung? Dabei müssen Sie es aber selbst sein, dem diese Verwechslung auffällt und der seine Projektionen bewusst zurückzunehmen lernt. Die Befreiung von dem projektiven Verwechseln ist gegeben, wenn man dem bis dahin für das eigene Unglück zur Verantwortung gezogenen aktuellen Gegenüber aus tiefem Herzen sagen kann: »›Ich sehe dich nicht, wie du bist, sondern wie ich bin‹ (Talmud) – verzeihe mir!« Erst, wenn wir uns zu einer solchen Projektionsrücknahme tatsächlich durchzuringen vermögen, haben wir das Lamento und das Blaming hinter uns gelassen[9] und unsere innere Agilität gestärkt.

9 Führungskräfte, die diesen Schritt vollziehen können, haben tief verstanden, dass »(…) das, was außen ist, auch innen ist, dass das, was wir in der Beziehung zur Welt und in Repräsentanten der Welt erleben, auch unsere innerpsychische Wirklichkeit ausmacht. Die ganze Welt ist auch ein Symbol für unsere Innenwelt« (Kast 2007, S. 29).

Von einer besonderen Art der Verwechslung erzählt folgende Geschichte:

DER SCHÄFER UND DER UNTERNEHMENSBERATER

Ein Schäfer stand auf einer abgelegenen Bergweide und hütete seine Schafe. Plötzlich kam, eine Staubwolke hinter sich herziehend, ein nagelneuer Jeep angefahren. Ihm entstieg ein junger Mann, bekleidet mit einem Anzug teuerster Marke, rahmengenähten Schuhen und einem aufsehenerregenden Brillengestell auf der Nase. Er wandte sich an den Schäfer und fragte:

»Wenn ich Ihnen sagen kann, wie viele Schafe Sie hier haben, bekomme ich dann eins?«

Der Schäfer stützte sich auf seinen Stab, überlegte kurz und sagte knapp: »Können wir machen.«

Der junge Mann packte ein Notebook und ein Handy aus, holte sich übers Internet einige Infrarotbilder der Erdoberfläche und startete seine Software zur Auswertung der Daten. Nachdem er einige Zeit gearbeitet hatte, druckte er einen 120-seitigen Bericht, drückte dem Schäfer die Zettel in die Hand und sagte: »Sie haben hier 1185 Schafe auf der Weide.«

»Stimmt«, sagte der Schäfer, »Sie dürfen sich eins aussuchen.«

Der junge Mann brachte ein Tier zum Auto und verstaute es im Kofferraum.

Der Schäfer fragte nun seinerseits den jungen Mann:

»Wenn ich Ihnen sage, was Sie von Beruf sind, bekomme ich dann mein Tier zurück?«

»Okay, machen wir«, sagte der junge Mann, der bereits wieder im Auto saß und Anstalten machte davonzufahren.

Der Schäfer sagte: »Sie sind Unternehmensberater.«

»Stimmt!«, sagte verdutzt der junge Mann. »Woher wissen Sie das?«

Der Schäfer musterte den jungen Mann und antwortete:

»Erstens kommen Sie hierher, ohne dass ich Sie gerufen habe. Zweitens wollen Sie ein Schaf dafür haben, dass Sie mir Dinge erzählen, die ich schon längst selbst weiß. Drittens haben Sie keine Ahnung von dem, was ich hier tue – und nun geben Sie mir meinen Hund zurück!«

(Quelle unbekannt)

Schuld und Vorwurf tauchen in der folgenden Geschichte auf:

FREUD UND LEID VON MANAGER-SEMINAREN

Ein Managerseminar mit 30 Herren aus der mittleren Führungsebene findet in einem Tagungshotel statt. Am letzten Tag spricht der Seminarleiter:

»Meine Herren, zum Schluss wollen wir noch ein bisschen Allgemeinbildung betreiben. Mal sehen, was Sie so draufhaben. Also – ich nenne ein klassisches Zitat, Sie sagen mir, wer es gesagt hat, wo und wann.«

Er beginnt: »Vom Eise befreit sind Strom und Bäche ...« Keiner weiß es.

Da meldet sich ganz hinten ein kleiner Japaner: »Johann Wolfgang von Goethe, Faust, Osterspaziergang, 1806.« Die Teilnehmer murmeln anerkennend.

Nächste Frage: »Der Mond ist aufgegangen, die goldnen Sternlein prangen ...«

Und wieder, wie aus der Pistole geschossen, der Japaner: »Matthias Claudius, Abendlied, 1779.«

Die Manager schauen peinlich berührt zu Boden.

Der Seminarleiter: »Fest gemauert in der Erden ...« –

»Schiller«, strahlt der Japaner, »das Lied von der Glocke, 1799.«

Jetzt finden es die Manager langsam ärgerlich.

Murmelt einer in der ersten Reihe: »Scheiß Japaner!«

Wieder ertönt die Stimme von hinten: »Max Grundig, Cebit, 1982.«

(Trenkle 2000, S. 176)

4 AMBIVALENZKOMPETENZ: WIE GEHE ICH MIT GEGENSÄTZEN UM?

> *Ich finde mich nicht mehr zurecht: Die alten Ziele locken nicht mehr, doch ebenso wenig versteh ich mich darauf, mir neue zu stecken.*
>
> *(Yalom 2008, S. 272)*

Führungskräfteentwicklung ist auch Identitätslernen – angestiftet, begleitet und contained[10] in thematischen Kontexten (z. B. Umgang mit Konflikten, Kommunikation, Projektmanagement). Es ist das Selbst der Führungskraft, welches sich auf erweiternde Perspektiven und Möglichkeiten der Reifung einlässt, diese für die Transformation ihrer inneren Bilder, Selbstentwürfe und Kompetenzen nutzt oder eben nicht. Da Intrapsychisches und Interpersonelles sich in solchen Aneignungsprozessen unauflösbar miteinander verwoben artikulieren, benötigt auch die Führungskräftebildung eine aktuelle individualpsychologische Fundierung. Ohne die empirische gehaltvolle Beschreibung der komplexen »bezogenen Individuation« (Stierlin 1994) in Kompetenz- und Identitätsentwicklungsprozessen drohen sowohl die Maßgaben einer agilen Führung als auch die Versuche einer stärker systemisch

10 Containen bezeichnet »(…) eine professionelle Fähigkeit zur Übernahme der Projektionen des Klienten, um diese für ihn sichtbar und bearbeitbar werden zu lassen« (Arnold 2019a, S. 11).

begründeten Resonanzorientierung unterkomplex, zu eng an Äußerem (z. B. Feedback geben können, Gespräche moderieren können) als an den jeweiligen inneren Strukturbesonderheiten der Führungskräfte anschließend, und deshalb wirkungsarm zu bleiben. Denn, wo es nicht gelingt, sich mit den Emotions- und Deutungsmustern der Führungskräfte resonant zu verbinden, droht auch der Führungsbildung ein »Wanneneffekt«[11]: Es wird gelernt, ohne nachhaltige Tiefenwirksamkeit auf der Identitäts- und Kompetenzebene – bisweilen gar so, dass bereits von einer »Stagnation« (Rauner et al. 2020) der Kompetenzentwicklung die Rede ist.

Das Ambivalenzkonzept hat in den vergangenen Jahrzehnten in der Psychologie und Psychotherapie eine erstaunliche Karriere absolviert. Am Anfang stand der pathologisierende Blick, wie ihn u. a. die von Freud und Breuer eingespurte Fokussierung auf die »Spaltung des Bewusstseins« (Breuer u. Freud 1895, S. 9) mit sich brachte, während erst vor dem Hintergrund der Traumaforschung von Otto Kernberg und Kollegen auch eine kompetenzorientierte Würdigung der Spaltung als – zumindest unmittelbar entlastende – »probate« Routine einer projektiven Identifikation entstehen konnte. Manfred Gehringer zitierte hierzu auf der Jahrestagung der »Deutschen Gesellschaft für Individualpsychologie« 2018 in München eine Passage der Monographie *Splitting and projective identification* von James S. Grotstein (1985), der feststellte:

> »*Es ist eine universelle Erfahrung des Menschen, die wiederum aus der Erfahrung resultiert, in getrennten Selbstsubsystemen oder getrennten Persönlichkeiten zu existieren, die nie ganz zu einer Einheit integriert werden konnten. Einssein ist nicht nur das Ziel der Analyse, es ist auch ein Lebensziel. Aber es muss ein Ziel bleiben, nie unsere Leistung*« *(ebd., S. 18; übersetzt von Gehringer 2019, S. 40).*

Es ist dieser – neuere – Blick auf die Ambivalenz, der uns auch in der führungspädagogischen Debatte um ein gelingendes Identitätslernen zu Fragen zu führen vermag, welche auch die agile Führung kompetenztheoretisch präziser zu bestimmen vermag.

11 Die »Konstanzer Wanne« beschreibt den empirisch erhärteten Sachverhalt, dass Lehrende unter dem dichten Handlungsdruck der Praxis auf Einstellungen und Deutungsmuster zurückfallen, die in ihnen bereits vor dem Studium angebahnt gewesen sind (vgl. Messner u. Reusser 2000).

Die vielfach diese Debatten leitende Hypothese eines integrierten und ausbalancierten Selbst gelangt nämlich an ihre Grenzen in einer Moderne, welche auch mehr und mehr den Umgang mit Ambivalenz – also Ambivalenzkompetenz – von den Menschen fordert. Müssen wir gar alle in unseren Sicht- und Orientierungsweisen selbst ein wenig ambivalenter werden, ohne zugleich Schaden an unserer, nach Integration und Kontinuität strebenden Seele zu nehmen? Ist Ambivalenzfähigkeit gar eine wichtige Dimension agiler Führung? Und: Sind wir dabei gar unterwegs in Richtung einer »Borderlinegesellschaft« (vgl. Detert 2008), in der Borderline mehr und mehr zum »Symptomträger der Gesellschaft«[12] wird? Diese Fragen verweisen auf die »Normalität« dessen, was Jürgen Habermas bereits 1968 in seinen für die damalige Zeit wegweisenden *Stichworten zu einer Theorie der Sozialisation* als »Ambiguitätstoleranz« bezeichnete (vgl. Habermas 1968) – dabei allerdings dem Zeitgeist eines gesellschaftstheoretischen A priori folgend, welches die Internalisierung (die Prägung des Einzelnen durch die Gesellschaft) weitgehend absolut setzte und sich um individualpsychologische Mechanismen oder gar die Plastizität von Persönlichkeitsmustern im Lebenslauf wenig kümmerte, wie noch gezeigt werden soll. Die Substanz der Ambiguitätstoleranz-These prägt heute aber selbst die individualpsychologischen Konzepte und Theorien unserer Zeit, wie u. a. die Feststellung von Jerald J. Kreisman und Hal Straus zeigt:

> *» Normale Menschen sind ambivalent und können zwei widersprüchliche Zustände gleichzeitig aushalten « (Kreisman u. Straus 2002; zit. nach Mason u. Kreger 2012, S. 53).*

DU HAST AUCH RECHT

Zwei Schüler eines Rabbis streiten sich. Als der Rabbi fragt, was denn los sei, erzählte der eine Schüler den Hergang des Streitgesprächs aus seiner Sicht und klagte den anderen Schüler dabei an. Der Rabbi sagte zu ihm: »Du hast vollkommen recht!«

Der andere Schüler war darüber noch verärgerter und schilderte seine Sicht der Geschehnisse, welche die eigene Unschuld und die Schuld des anderen darlegte. Der Rabbi sagte in ruhigem Ton:

»Und du hast auch recht!«

---

12 Verfügbar unter www.xing.com/communities/posts/borderline-eine-krankheit-oder-der-identifizierte-symptomtraeger-der-gesellschaft-1003246226 [16.11.2020].

Ein weiterer Schüler des Rabbis konnte das gesamte Gespräch mitverfolgen, schüttelte verständnislos den Kopf und sagte verärgert: »Wie kannst du beiden sagen, sie hätten recht. Das ist doch der größte Unsinn, den du da von dir gibst.«

Der Rabbi entgegnete ihm väterlich: »Auch du hast recht!«[13]

Mit dieser offenhaltenden Dialektik tut sich allerdings für Handlungs- und Verantwortungskontexte ein Abgrenzungsproblem auf, welches uns dazu auffordert, zwischen »normalen« und »problematischen« Formen des Ambivalenten zu unterscheiden – wissend, dass diese Abgrenzung selbst wiederum zeittypischen – und damit selektiven – Blicken auf die Selbstentwicklung folgt. Kreisman und Straus schreiben:

>> *Borderliner schwanken (...) zwischen beiden Zuständen; der eine Gefühlszustand ist ihnen völlig verschlossen, solange sie sich in dem anderen befinden. (...) Emotional ein Kind, kann der Borderliner menschliche Inkonsequenz und Zweideutigkeit nicht tolerieren; es gelingt ihm nicht, die guten und schlechten Eigenschaften anderer in Form eines konstanten, kohärenten Verständnisses des Gegenübers zu versöhnen. In einem bestimmten Moment ist der andere entweder ›gut‹ oder ›böse‹; es gibt kein Dazwischen, keine Grautöne. Wenn überhaupt, werden Nuancen und Schattierungen nur mit großer Mühe wahrgenommen. (...) Obwohl der Mechanismus der Spaltung dem Zweck dient, den Borderliner vor einer Flut widersprüchlicher Gefühle und Bilder zu schützen oder auch vor der Angst, all diese Bilder miteinander versöhnen zu müssen, erreicht er häufig das genaue Gegenteil: Die Risse in der Leinwand der Persönlichkeit werden immer tiefer; das Gefühl für die eigene Identität und die Identität anderer schwankt noch dramatischer und häufiger* << *(ebd.).*

Solche Überlegungen sind nicht bloß dazu angetan, der Zunahme von Identitätsspaltungen in der Bevölkerung und damit auch bei Führungspersönlichkeiten sowie Geführten genauer nachzuspüren[14], sie regen auch dazu an, die

13 Verfügbar unter https://www.in-mediation.eu/der-streit-der-rabbischueler [6.11.2020].

14 Die statistischen Angaben zur Verbreitung der Borderline-Erkrankungen reichen von ca. 2–15 % (vgl. www.borderline-plattform.de/index.php/statistik) bis zu (mehrere Studien zusammenfassend: Maag u. Gerber 2007, S.15) 3–18 % »Persönlichkeitsstörungen«, von denen ein erheblicher Teil einer Borderlinestörung zugerechnet werden dürfte.

Identitätskonzepte der Bildungs- und Sozialwissenschaften mit ihren impliziten Vorstellungen der Ganzheits- und Widerspruchsfreiheit des Subjektes zu überwinden und den individuellen Strukturbesonderheiten des Einzelnen mehr Aufmerksamkeit zu widmen. Denn auch Menschen in Führungsverantwortung folgen in den (post)modernen Gesellschaften in ihrer Identitäts- und Kompetenzentwicklung zunehmend weniger irgendwelchen generalisierbaren typischen Bahnen; vielmehr wirken die aufbrechenden »Ambivalenzen der Moderne« als Chancen und Risiken« (vgl. Pörnbacher 1999), womit prinzipiell unabschließbare Entwicklungsprozesse verbunden sind, die nicht selten zu einer Art plastischer »Patchwork-Identität« (Keupp 2005) führen:

> *» Vorstellungen eines inneren Kerns, einer wie ein Kapital angehäuften inneren Potenz und sonstige essentialistische Vorstellungen von Identität haben damit ausgedient. (…) Kriterien des Gelingens von Identitätsarbeit sind auf der äußeren das Erleben von Anerkennung und auf der inneren Ebene das Erleben von Authentizität « (Siebach 2016, S. 7).*

Wie gelingen Anerkennungs- und Authentizitätserleben sowie Integration und Kontinuität der Selbstkonzepte in Anbetracht der kontingenten Anfangsausstattungen zu den emotionalen Grundlagen des Ichs einerseits sowie der weitgehenden Ungeklärtheit der Mechanismen von Internalisierung andererseits. Und schließlich: Welche Rolle kommt dabei der Initiierung, Gestaltung und Begleitung von Lern- und Reifungsprozessen zu?

Identität als Fähigkeit zur Flexibilität und permanenter Adoleszenz

Die folgenden Überlegungen loten die Umrisse einer recht grundlegend gewandelten Vorstellung von Subjekt, Subjektivität und Subjektivierung aus. Diese löst sich dabei von integrativen, nach essenzieller Substanz strebenden Lesarten von gelingender Bildung und Reifung und blickt prüfend auf die Subjektivierung von Menschen, die uns im Einheitsdenken allzu schnell als störend, gestört oder verstört erscheinen. Der Devianzblick auf die Ambivalenz rückt das abweichende, nicht angepasste Moment einer ständigen Suchbewegung in den Blick, welche nie zur Ruhe zu kommen scheint und nicht bloß für den Akteur, sondern auch für dessen soziale Umgebung mit

Unsicherheit, permanenter Infragestellung sowie eigener Identitätsdiffusion einherzugehen vermag.

Auch für grundlegend Suchende gilt die Kontingenz jeder Anfangssubjektivierung, welche der französische Therapeut und Bestsellerautor Francois Lelord in seinem Buch *Hector und die Kunst der Zuversicht* folgendermaßen zum Ausdruck brachte: »People don't choose what they are« (Lelord 2018, S. 13). Dies bedeutet, dass der Mensch die Weltzugänge über Wahrnehmungskanäle organisiert, die sich dem eigenen »Zugriff« entziehen, da sie der Ichwerdung so und nicht anders vorgeordnet und in bisweilen rigiden emotionalen Festlegungen hirnphysiologisch eingespurt sind. Mit diesen Anfangszugängen bewegen sich die Subjekte in den Koordinatensystemen, welche ihnen das Gefühl von Gewissheit stiften und sie auch mit den Formen ausstatten, in denen sie die Welt auszuhalten vermögen (vgl. Arnold 2019b). Diese Subjektivierungsmuster haben mehr mit Rekonstellierung und Wiedererkennen als mit nüchterner Prüfung und Erkenntnis der Gegebenheiten und Möglichkeiten zu tun. Wir bleiben dann der- oder diejenige, die wir schon immer gewesen sind, und bevorzugen auch eine emotionale Konstruktion unserer Wirklichkeit, die uns im Vertrauten bleiben lässt. Dieses Vertraute kann in der Form einer »permanenten Adoleszenz« (Ehrenberg 2004, S. 149) in Erscheinung treten, welche sich auch als Reflex der biografischen Entstandardisierung, Anforderungsflexibilisierung und Entgenerationalisierung gewandelter gesellschaftlicher Bedingungen deuten lässt – in der Frage gipfelnd:

> >> *Wenn Altersgruppen ständig im Aufbruch sind, welche Folgen hat das für junge Menschen, die sich lebensphasenspezifisch im seelisch-geistigen Aufbruch befinden? (...)* << *(King 2004, S. 10)*

Das Vertraute kann aber auch die Ambivalenz – das ständige Oszillieren zwischen Vertrautem und Unvertrautem – sein. Es geht uns dann gut, wenn es uns schlecht geht, und unsere Subjektivierung gerät vielleicht zum Ausdruck einer Innerlichkeit der vertrauten Unvertrautheit. Die Suchbewegung ist in diesen Fällen kein Prozess des Lernens und der Transformation, sondern ein Bewusstseinszustand – ein Subjektivierungsmodus: ein Werden im Kontext permanenter Vorläufigkeit, Unvollständigkeit, Suche und Verzweiflung – herausgefordert und in Frage gestellt allenfalls durch Zustände, die eine Atmosphäre der Kontinuität und des Angekommenseins ausdrücken.

Eine solche Identitätsdiffusion erhält gleichzeitig zunehmend weniger Anregung, Infragestellung und Korrektur in entstandardisierten gesellschaftlichen und lebensweltlichen Kontexten, wie sie u. a. die Borderlineforschungen eindrucksvoll vor Augen geführt haben. Demzufolge handelt es sich bei dieser Persönlichkeitsstörung um eine multifaktoriell verursachte Identitätsdiffusion, deren Ursachen u. a. in frühen traumatischen Gewalterlebnissen (60–70 %), aber auch in Vernachlässigungserfahrungen (40 %) zu suchen sind (vgl. Zanarini 2003). Otto Kernberg schreibt zu der vielfach damit einhergehenden »oberflächlichen Realitätsanpassung« von Menschen, die in einer unüberwindbaren Ambivalenz festhängen:

> *Was sie zu sein vorgeben, ist in Wirklichkeit nur die leere Hülle dessen, was sie zu anderen Zeiten auf eine viel unmittelbarere Weise sein müssen. Dies ist auch für die Patienten selbst verwirrend. Es handelt sich um den gleichen Sachverhalt, wie ihn Erikson (1956) unter dem Begriff der Identitätsdiffusion beschrieben hat, nämlich um das Fehlen eines integrierten Selbstkonzeptes und eines stabilen und integrierten Konzeptes ganzer Objekte, die in Beziehung zum Selbst stehen. Insofern ist die Identitätsdiffusion ein typisches Syndrom der Borderline-Persönlichkeitsstruktur* « *(Kernberg 1978, S. 61).*

Es ist nun eine naheliegende Frage, ob und wie diese »oberflächliche Realitätsanpassung« auch durch das Aufwachsen in selbstwidersprüchlichen Kontexten entstehen bzw. gestärkt werden, oder ob es sich lediglich um eine in der Postmoderne deutlich profilierter zutage tretende allgemeine Form des menschlichen Umgangs mit Daseinsgewissheit handelt, die sich nur im Unterschied spüren, erkennen und durch die eigene – oszillierende – Lebensbewegung ausdrücken lässt. Eine solche Sicht würde den Defizitblick auf die Ambivalenz überwinden und ein neues Verständnis anbahnen können, wie es sich bei dem Philosophen Peter Sloterdijk abzeichnet. Für ihn ist Ambivalenz eine lebensphilosophische Charakterisierung der Conditio humana, welche er im Werk von Matin Heidegger klar fokussiert sieht. Für Heidegger sei das »Weg-Sein« eine Ausdrucksform des »Geworfenseins« im Sinne einer Daseinsform, die einer Abweichung vom Vertrautem, gar einem »Sturz ins Bodenlose« gleicht (vgl. Vietta 2015). Das heideggersche »Dasein« – so Peter Sloterdijk »lebt im Verfallen von sich weg« (Sloterdijk 2019, S. 62). Das

Weg-Sein erscheint so als das uneigentliche Dasein. Es ruht nicht in sich selbst, sondern ist Ausdruck einer Abweichung von sich selbst und damit der ambivalente Ausdruck des Selbst. Während traditionelle Gesellschaften noch die Subjektivierung im Kontext vermeintlicher Daseinsgewissheiten einzuspuren vermochte, ließ deren Wirksamkeit auf dem Weg in die Postmoderne mehr und mehr nach und verdampfte nahezu vollständig unter dem Ambivalenzdruck der diversen Lebenskonzepte und Lebenspraxen. In seiner Aufsatzsammlung *Was geschah im 20. Jahrhundert?* zeichnet Peter Sloterdijk (2016) die Hilflosigkeit eines unreflektierten Fortschrittsmythos nach, der sich zugleich seiner Grundlagen und dadurch seiner eigenen Glaubwürdigkeit selbst beraubt:

> » *Der Umgang der Menschen mit ihrem Planeten gleicht dann einem Katastrophenfilm, in dem rivalisierende Mafiagruppen sich an Bord eines Flugzeugs in 12 000 Meter Höhe ein Feuergefecht mit großkalibrigen Waffen liefern* « (ebd., S. 37).

Folgt man diesen philosophischen Hinweisen, so scheint sich der sinnstiftende Horizont, vor dessen Hintergrund einigermaßen zuverlässig bestimmt werden konnte, welches Verhalten angepasst, d. h. zur Situation passend, sei und welches nicht, mehr und mehr aufzulösen. Das Driften zwischen den unterschiedlichsten Formen des Menschseins lässt sich für den einzelnen dabei zunehmend weniger auf der Basis universaler Maßstäbe und Verhaltensanforderungen definieren. Sicherlich, wir können uns noch darüber verständigen, dass ein Feuergefecht in einem Flugzeug, in welchem wir selbst sitzen, unvernünftig und deshalb zu vermeiden sei, und deshalb z. B. das Mitführen von Feuerwaffen an Bord unterbinden. Doch ist es für uns schier unmöglich, uns darüber zu verständigen, in welche Richtung sich dieses Flugzeug bewegen sollte und in welcher Weise diese Richtungsentscheidung unser Lebensgefühl und Lebenskonzept zu bestimmen vermag. Wir fliegen vielmehr, weil es Flugzeuge und Destinationen gibt, doch bereits während des »gemeinsamen« Fluges sind wir – mit Kopfhörern abgeschottet – in unseren eigenen Filmen gefangen, selbst, wenn wir diese aus der vorbereiteten Vielfalt der Bordunterhaltung auswählen: eine sehr eingeschränkte Vielfalt mit überschaubarem Individualisierungspotenzial.

Agile Führungskräfte sind zwar offen und zum Umgang mit und zur Nutzung von Ambivalenzen fähig, sie bewegen sich dabei aber auch meist bloß in vorbereiteten Vielfaltsräumen, welche den Ausdruck ihrer Individualität kanalisieren. Es sind diese vorbereiteten Formen, die eigene Individualität durch die Auswahl, nicht durch den authentischen Ausdruck des Eigenen sichtbar werden zu lassen.

DER INNERE KAMPF

Abends am Lagerfeuer erzählte ein alter Indianer seinem Enkelsohn von einem Kampf, der in seinem Inneren tobt. Er sagte:

»Mein Sohn, dieser Kampf wird von zwei Wölfen ausgefochten.

Der eine Wolf ist böse: Er ist der HASS, der Zorn, der Neid, die Eifersucht, die Sorgen, der Schmerz, die Gier, die Arroganz, das Selbstmitleid, die Schuld, die Vorurteile, die Minderwertigkeitsgefühle, die Lügen, der falsche Stolz und das Ego.

Der andere Wolf ist gut: Er ist die LIEBE, die Freude, der Friede, die Hoffnung, die Heiterkeit, die Demut, die Güte, das Wohlwollen, die Zuneigung, die Großzügigkeit, die Aufrichtigkeit, das Mitgefühl und der Glaube.«

Sein Enkel dachte einige Zeit über die Worte des Großvaters nach und fragte dann:

»Und welcher der beiden Wölfe gewinnt den Kampf?«

Der alte Cherokee antwortete: »Der, den du fütterst!«[15]

---

15 Karin Wolf: Metapher von den zwei Wölfen. Verfügbar unter https://mehrentspannung.de/metapher-die-zwei-woelfe/ [19.02.2019].

5 AUTOBIOGRAFISCHE SELBSTREFLEXION: WER BIN ICH, UND WER KÖNNTE ICH (NOCH) SEIN?

Agile Führungskräfte sind autobiografische Realisten. Sie sind in der Lage, nüchtern auf die Stationen und Prägungen ihres bisherigen Lebens zu blicken – ohne Überhöhung, aber auch ohne Lamento oder Vorwurf. Gleichzeitig verfügen sie über ein relativ sicheres Gefühl in Bezug darauf, wer sie sind und worauf es im Leben ankommt, setzen dieses aber nicht absolut. Sie wissen, dass andere Menschen biografisch andere Strukturbesonderheiten herausgebildet haben, die ihnen eine andere Welt mit gleicher Berechtigung, Gewissheit und Alltagsplausibilität zu stiften vermag. Zudem ist ihnen bewusst, dass auch ihre eigenen Gewissheiten brüchig sind und sie selbst bloß noch einen überschaubaren Zeitraum so weitermachen können wie bisher.

DER LAUNENHAFTE KÖNIG

Es war einmal ein sehr mächtiger König, der regierte in einem fernen Land. Er war ein guter König, aber es gab da ein Problem: Er besaß zwei Persönlichkeiten.

Es gab Tage, da erwachte er voller Überschwang, euphorisch und glücklich. Solche Tage waren vom ersten Glockenschlag an wunderbar. Die Gärten seines Palastes waren schön wie nie. Seine Dienerschaft schien wie ausgewechselt, so ausgesucht höflich und tüchtig war sie. Beim Frühstück fand er bestätigt, dass in seinem Königreiche das beste Mehl verarbeitet und die besten Früchte geerntet wurden. An solchen Tagen senkte der König die Steuern, teilte den Staatsschatz neu auf, gab Anträgen statt und sorgte für einen friedlichen Lebensabend der Alten. An solchen Tagen gewährte der König seinen Freunden und Untertanen jede Bitte.

Aber es gab auch ganz andere Tage. Das waren schwarze Tage. Schon am Morgen hatte er dann das Gefühl, dass er lieber noch ein bisschen länger im Bett geblieben wäre. Wenn ihm das klar wurde, war es allerdings schon zu spät und die Träume bereits verflogen.

Sosehr er sich auch bemühte, er konnte einfach nicht verstehen, warum seine Bediensteten so übellaunig und unaufmerksam ihm gegenüber waren. Die Sonne störte ihn noch mehr als der Regen. Das Essen war lauwarm und der Kaffee zu kalt. Und schon allein die Vorstellung, Besucher zu empfangen, verschlimmerte seine Kopfschmerzen.

An solchen Tagen erinnerte sich der König der Versprechungen, die er zu anderen Zeiten gemacht hatte, und erschrak beim Gedanken daran, wie er sie einlösen sollte. Dies waren die Tage, an denen der König Steuererhöhungen anordnete, Ländereien beschlagnahmte und seine Widersacher verhaften ließ ... Aus Angst vor Gegenwart und Zukunft und heimgesucht von den Irrtümern der Vergangenheit, regierte er an solchen Tagen gegen sein Volk, und das meistgebrauchte Wort an diesen Tagen war »nein«.

Als ihm bewusst wurde, in welch missliche Lage ihn seine Stimmungsschwankungen brachten, rief der König die Weisen, Magier und Zauberer aus dem gesamten Königreich zusammen. »Herrschaften«, sagte er, »Sie alle kennen meine Launen. Sie alle haben von meinem Überschwang profitiert und unter meinen Ausfällen gelitten. Derjenige, der am meisten darunter leidet, bin allerdings ich selbst, denn Tag um Tag bin ich damit beschäftigt, den Schaden wettzumachen, den ich angerichtet habe, wenn ich die Dinge mal wieder mit anderen Augen sah. Ich möchte, dass Sie zusammenarbeiten, um eine Kur zu finden, sei es nun ein Heiltrunk oder eine Zauberformel, die verhindert, dass ich einmal so überaus optimistisch bin und jedes Risiko auf mich nehme und dann wieder so kleinlich schwarzseherisch werde und beginne, diejenigen zu quälen und zu unterdrücken, die mir lieb sind.«

Die Weisen nahmen die Herausforderung an und befassten sich wochenlang intensiv mit dem Problem des Königs. Dennoch, keine Alchemie, keine Zauberkraft und kein Kraut konnte eine Lösung für die gestellte Aufgabe erbringen. Also traten die Weisen vor den König und gestanden ein, dass sie gescheitert waren. In dieser Nacht weinte der König bitterlich.

Am nächsten Morgen bat ein fremder Besucher, beim König vorsprechen zu dürfen. Es war ein seltsamer, dunkelhäutiger Mann, gehüllt in eine zerschlissene Tunika, die vielleicht einst weiß gewesen war.

»Majestät«, sagte der Mann und verbeugte sich: »Dort, wo ich herkomme, spricht man von Eurer Unbill und davon, wie sehr sie Euch quält. Ich bin gekommen, Euch das Gegenmittel zu bringen.«

Er neigte den Kopf und reichte dem König ein kleines Lederkästchen.

Der König öffnete es überrascht und erwartungsvoll und sah hinein. Darinnen fand er nichts als einen einfachen Silberring.

»Danke«, sagte der König begeistert. »Ist das ein Zauberring?«

»Gewiss ist er das«, antwortete der Reisende, »aber seine Wirkung tritt erst in Kraft, wenn man ihn am Finger trägt. Jeden Morgen, gleich beim Aufstehen, müsst Ihr die Inschrift lesen und Euch jedes Mal, wenn Ihr den Ring anschaut, an sie erinnern.«

Der König nahm den Ring aus dem Kästchen und las laut vor:

»Sei dir bewusst, dass auch dies vergänglich ist.«

(Bucay 2007, S. 29–32)

Der Blick auf die eigene Endlichkeit vermag dem Denken, Fühlen und Handeln eine Zurückhaltung zu unterlegen, die das eigene Selbst in seiner Suchbewegung belässt, seine Gewissheiten relativiert und seine Beobachtung von der eingeübten Gleichzeitigkeit der Beurteilung löst. Wir sind gewohnt, nicht bloß zu beobachten, sondern beurteilend zu beobachten. Diese Gleichzeitigkeit von Wahrnehmung (besser: Fürwahrnehmung) und Interpretation überspielt das eigene Nichtwissen und hält uns in der ausschnitthaften Gewohnheit fest, recht zu haben. Der erste Schritt zur Selbsterkenntnis ist deshalb die Abrüstung des Selbst, wie folgende kleine Geschichte zeigt:

SELBSTERKENNTNIS

Ein frommer Mann trug dem Baal Schem Tow eine Klage vor:

»Ich habe mich nach Kräften bemüht, dem Herrn aufrichtig und ehrlich zu dienen, aber ich kann keine Veränderung oder Verbesserung feststellen. Ich bin immer noch genauso durchschnittlich und unwissend wie zuvor.«

Der Baal Schem Tow erwiderte: »Du hast immerhin begriffen, dass du durchschnittlich und unwissend bist, und das allein ist schon eine große Leistung.«

(Quelle unbekannt)

Agile Führungskräfte denken, fühlen und handeln aus dem Bewusstsein heraus, dass vieles auch anders sein könnte, als es ihnen zu sein scheint. Dieses Bewusstsein haben sie sich hart erarbeitet. Sie sind in der Lage, den wärmenden Mantel ihrer Identität abzulegen, um sich der offenen Zukunft zu stellen. Diese konfrontiert sie mit den ungereimten und unlösbaren Fragen der menschlichen Existenz generell, und sie haben gegenüber diesen Fragen eine Haltung entwickelt, die ihnen auch und gerade in unsicheren Lagen Orientierung und inneren Halt zu stiften vermag. Dadurch unterscheiden sie sich von Menschen, die sich diesen Fragen nicht stellen oder sie verdrängen – wodurch eine Leere entsteht, die sie gerade in den erwähnten Krisen haltlos werden lässt.

Diese innere Haltung gegenüber dem Leben erschließt sich uns nicht durch Offenbarung, wohl aber durch spürende Nachdenklichkeit. Dieser geht es nicht darum, in einer entschlossenen Bewegung dem Leben einen Sinn unterzuschieben, in den hinein wir »springen« und der uns sofort von den anderen separiert, die diesen Sprung nicht wagen. Vielmehr geht es um eine Kenntnis der tiefen Fragen und um eine behutsame Antwort, die nicht zugleich eine Letztbegründung allen Seins sein möchte, sondern lediglich unsere durchspürte Haltung gegenüber dem Leben und unserem eigenen Tun sichtbar werden lässt – »unser Lied des Lebens«:

DAS LIED DES LEBENS

Es gibt einen Stamm in Ostafrika, in dem die Kunst der wahren Intimität schon vor der Geburt gepflegt wird. In diesem Stamm wird das Geburtsdatum des Kindes nicht von der Geburt an gerechnet, auch nicht vom Tag der Empfängnis wie in anderen Kulturen.

In diesem Stamm zählt das Geburtsdatum von dem Tag an, an dem der Gedanke an ein Kind zum ersten Mal in der Mutter erscheint. Wenn sie sich darüber bewusst ist, ein Kind mit einem bestimmten Mann zeugen zu wollen, geht sie allein in den Wald und setzt sich unter einen Baum. Dort sitzt sie nun und hört auf die Stille, bis sie das Lied des Kindes hören kann, welches sie hoffentlich bekommen wird. Sobald sie dies gehört hat, begibt sie sich zurück in das Dorf und lehrt ihrem Mann dieses Lied, damit sie es beim Liebemachen zusammen singen können. Dadurch laden sie das Kind ein, sich mit ihnen zu verbinden. Nachdem das Kind empfangen wurde, singt sie es ihm vor. Danach lehrt sie es den alten Frauen und Hebammen des Dorfes, damit das Kind während des Geburtsprozesses und während des wunderbaren Moments der Geburt mit diesem Lied begrüßt wird. Nach der Geburt lernen auch alle anderen Dorfbewohner noch das Lied ihres neuen Mitglieds und singen es ihm vor, wenn es hingefallen ist oder sich verletzt hat. Es wird auch gesungen zu Zeiten des Triumphes, in Ritualen oder bei Initiationen. Das Lied wird Teil der Hochzeitszeremonie, wenn das Kind aufgewachsen ist, und am Ende des Lebens, wenn sich seine oder ihre geliebten Verwandten und Freunde um das Totenbett versammeln, wird dieses Lied zum letzten Mal gesungen.

(nach Kornfield 1995, S. 391)

Es ist nicht die Klärung der letzten Fragen, sondern ein Leben im Bewusstsein dieser Fragen, wodurch agile Führungskräfte für andere sichtbar und spürbar werden. Wer weder vor der Absurdität erstarrt und in Beliebigkeit flieht, noch bloß einer festen Sicht verpflichtet ist, dem traut man eher zu, dass er oder sie ihren Halt nicht verliert und auch in Anbetracht bedrohlicher oder unsicherer Kontexte in der Lage sein kann, besonnen zu handeln.

Agile Führungskräfte sind nicht bloß in der Lage, Ungewissheit auszuhalten, sie verfügen auch über eine Gestaltungskompetenz, um dem Leben und Überleben auf »dem Raumschiff Erde« (Fuller 1984) immer wieder neu Richtung und Perspektive – für sich selbst und andere – stiften zu können.

Ihr Vorbild ist Sisyphos, wie er von Albert Camus (1913–1960) so überzeugend als nachdenklicher, aber nicht zu entmutigender Tatmensch gezeichnet wurde. Es ist absurd, wie Sisyphos Tag für Tag erneut den Stein auf den Berg rollt – bloß, um zu erleben, wie dieser wieder hinabrollt und alle Bemühungen zunichtemacht. Gleichwohl ist Sisyphos ein »glücklicher Mensch«, wie Camus zu berichten weiß (Camus 2004, S. 160). Er schleudert der Vergeblichkeit des Lebens ein trotziges »Dennoch« entgegen. Er weiß um die »zärtliche Gleichgültigkeit der Welt« – eine Formulierung, die als das »schönste Oxymoron in der Literatur« angesehen wird:

>> *Wir dürfen von der Welt, die uns umgibt, keine Anteilnahme erwarten, auch nicht von Gott, Engeln oder Teufeln. Die Welt ist einfach nur da. Aber wir Menschen sind in der Lage, sie zu fühlen und zu beschreiben. Wir können Zärtlichkeit und Nicht-Anteilnahme gleichzeitig spüren, es blitzt Geborgenheit auf* << (Braun 2013).

In seiner Rede, die Max Frisch anlässlich des Todes seines Freundes Peter Noll am 18.10.1982 im Großmünster in Zürich gehalten hat, beschreibt er eine letzte Situation mit dem sterbenden Freund mit den Worten:

> »*(...) aus seinen sehr hellen Augen trifft uns der Blick eines Befreiten, der zu wissen wagt, was er weiß, und uns ein Gleiches zutraut*« *(Frisch 1987, S. 284).*

Auch agile Führung braucht diesen nüchternen »Blick eines Befreiten«. Diesen zu fördern und zu entwickeln, ist Aufgabe und Ziel einer modernen Führungskräfteförderung, mit deren Hilfe Führungskräfte lernen, sich selbst für ihren täglichen Kampf mit dem Berg zu positionieren. Sie erhalten dabei viele Anregungen und Gelegenheiten, um sich persönlich mit der tiefen Frage auseinanderzusetzen, was Menschsein eigentlich bedeutet oder bedeuten kann. Sie haben verstanden: Im Kern ist die humane Essenz frei von den durch Überlieferung sowie durch eigene biografische Erfahrung und Gewohnheit gestifteten Gewissheiten. Diese sind vielmehr an der Fülle der Möglichkeiten, deren eine die andere ganz oder teilweise in Frage stellt, längst verdampft. Mit nüchternem Blick sind agile Führungskräfte vielmehr in der Lage, sich der ungewohnten und in vielfacher Hinsicht offenen Zukunft zu stellen und deren Fragilität für sich und ihre Unternehmensgestaltung zu nutzen. Sie können selbst beurteilen, an welcher Stelle vom Berg des Sisyphos sie stehen, zum wievielten Male, was ihnen da immer wieder entgleitet, und verabschieden sich von diesen unreflektierten, aber vertrauten Stoffen. »Wer abschiedlich zu leben und zu führen weiß, stirbt viele Tode!« (Arnold 2017, S. 18)

Etüde: Am Berg

Die folgende vielfach in Führungsseminaren erprobte Übung lädt zu einer biografischen Selbstreflexion ein, indem Sie uns mit der Frage nach unserer Position »am Berg« konfrontiert. Damit ist durchaus Unterschiedliches gemeint: Es kann der Berg unseres Lebens sein, bei dem wir bereits die Hälfte hinter uns haben oder nur noch wenige Meter bis zum Gipfel hinter uns zu bringen haben. Gemeint sein kann aber auch die tägliche Sisyphosaufgabe. Entscheiden Sie selbst! Lassen Sie sich inspirieren!

Stellen Sie sich folgende Fragen:

- An welcher Stelle befinden Sie sich auf dem Berg des Sisyphos?
- Wie viele Male sind Sie hier schon raufgestiegen?
- Was entgleitet Ihnen – kaum angekommen – immer wieder?
- Hat sich Ihre Wandertechnik verändert?
- Welchen Identitätsmantel tragen Sie derzeit?
- Wie oft haben Sie diesen gewechselt?
- Welches Gepäck haben Sie dabei?
- Hängen an Ihrem Rucksack auch »die drei Siebe des Sokrates«?
- Wann kamen diese zum Einsatz?

Versuchen Sie, ihre Antworten auf diese Fragen in einem Bild »Ich: am Berg« zu visualisieren. Besprechen Sie dieses Bild mit einer Person ihres Vertrauens! Beraten Sie sich mit ihr auch zu den Fragen:

- Könnte ich meine Technik des Aufsteigens ändern?
- Könnte ich mehr über die Topographie des Geländes in Erfahrung bringen?
- Wer kann seine Erfahrungen mit mir teilen?
- Sollte ich einen anderen Berg besteigen?
- Was verspreche ich mir vom Bergwechsel?
- Könnte ich meine Ausrüstung optimieren?
- Kann ich mir Zeit lassen, gar eine Auszeit nehmen?
- Kann ich lernen zu wandern, ohne zu stöhnen?
- Welches Wanderlied stiftet mir Energie und gute Laune?
- Sollte ich in Begleitung gehen (mit wem)? etc.

Tafel 9: Etüde »Am Berg« (aus Arnold 2017b, S. 20)

Wer heiter den Berg rauf- und runterzuschreiten vermag, der hat verstanden, dass es keine markierten Wege gibt, denen man folgen kann – eher unterschiedlichste Trampelpfade, von denen wir nicht genau wissen, wie weit sie reichen. Er weiß, dass »der Mensch in der Ausweglosigkeit gezwungen ist, sich für einen Ausweg zu entscheiden« (Behrens 2005, S. 1). Ihm ist tief bewusst, dass es im Kern darum geht, sich durch »Welten ohne Grund« (Vogd 2014) zu bewegen, ohne in eine der vielfältigen geistigen Substanzen zu springen, die Orientierung oder gar Gewissheit zu stiften versprechen. Agilität bezeichnet in diesem Zusammenhang die Fähigkeit, das Leben aus einer eigenen Sinnstiftung heraus zu gestalten, die ihre Maßstäbe aus einem trotzigen Dennoch und nicht aus der unreflektierten Routine einer inneren Festlegung herzuleiten vermag. Agile Führungskräfte sind in diesem Sinne Existenzialisten, die sich darin üben, aus einem durchspürten und reflektierten Seinsgefühl heraus zu Perspektiven durchzustoßen, was aber gar nicht so leicht ist, wie dies die folgende Geschichte anschaulich zeigt.

DER PRÜFSTEIN

Man sagt, nur ein Buch der großen Bibliothek von Alexandria habe den Brand unversehrt überstanden. Es war ein ganz gewöhnliches Buch. Langweilig und uninteressant, sodass es für ein paar Pfennigen einem alten Mann verkauft wurde, der kaum lesen konnte. Dieses Buch war aber, wenn auch langweilig und uninteressant, wahrscheinlich das wertvollste Buch der Welt, denn auf der hintersten Innenseite des Schutzumschlages waren in großen Buchstaben ein paar Sätze hingekritzelt, die das Geheimnis des »Prüfsteins« enthielten – eines winzigen Kieselsteines, der alles, mit dem er in Berührung kam, in pures Gold verwandelte. Aus diesen Sätzen ging hervor, dass dieser kostbare Kieselstein irgendwo an der Schwarzmeerküste lag unter Tausenden ähnlicher Kieselsteine mit dem einzigen Unterschied, dass dieser sich warm anfühlte, als ob er lebendig wäre, während alle anderen kalt in der Hand lagen. Der Mann freute sich über sein Glück. Er verkaufte alles, was er hatte, borgte sich eine große Summe Geld, die ein Jahr reichen würde, reiste ans Schwarze Meer, schlug ein Zelt auf und machte sich daran, in mühevoller Arbeit den Prüfstein zu suchen. Er ging folgendermaßen vor: Er hob einen Kieselstein auf, und wenn er sich kalt anfühlte, warf er ihn nicht etwa zurück, denn dann würde er womöglich denselben Stein Dutzend Male aufheben, nein, er warf ihn ins Meer. Jeden Tag verbrachte er Stunden in seinem geduldigen Bemühen: Stein aufheben, wenn er sich kalt anfühlte, ins Meer werfen. Einen anderen aufheben ... und so weiter, unentwegt. So verbrachte er eine Woche, einen Monat, zehn Monate, ein ganzes Jahr. Dann borgte er sich wieder etwas Geld und hielt auf diese Weise noch einmal zwei Jahre durch. Immer das gleiche: Stein aufheben, befühlen, wenn er kalt war, ins Meer. Stunde um Stunde, Tag um Tag, Woche um Woche – kein Prüfstein war darunter. Eines Abends hob er einen Kieselstein auf, er fühlte sich warm an, und aus purer Gewohnheit warf er ihn zurück ins Schwarze Meer.

(de Mello 2008, S. 118 f.)

Der agile Umgang mit Ungewissheit und Offenheit weiß um die Gefahr, Optionen oft aus purer Gewohnheit zu verpassen. Vielleicht bemerken wir noch im allerletzten Moment, bevor wir eine Möglichkeit verwerfen, dass es sich doch irgendwie auch ganz anders anfühlt, aber dann ist es meist schon zu spät: Der Prüfstein liegt mit all den anderen kalten Steinen längst im Meer; wir haben seine Wärme zwar kurz gespürt, aber nicht bemerkt und ihn für uns behalten. Um nichts anderes geht es bei dem Vorhaben, die Dinge, Situationen und Akteure, mit denen wir es immer und immer wieder zu haben, einmal frisch und unbelastet von unseren Erfahrungen neu zu sehen. Übermächtig vereindeutigt uns unsere Routine die Vielfalt dessen, was sein könnte. Es bedarf deshalb immer wieder einer entschleunigten und besonnenen Wahrnehmung und Beurteilung, wollen wir tatsächlich nicht im Alten erstarren und Neues in unser eigenes Leben sowie in unsere Führungspraxis Einzug halten lassen. Die zentrale Frage einer solchen biografischen Selbstvergewisserung ist deshalb immer auch die Frage: Wie kann ich werden, wer ich auch sein kann? Mit der Etüde aus Tafel 10 könne wir dieser und anderen Fragen nachspüren.

Etüde: Zum Baum werden, der man (noch) sein kann		−−	−	+	++
Meine Wurzeln	Mir ist bewusst, wem ich verdanke, dass ich habe werden können, was ich heute bin. Meditationsfragen: *Welche Wurzel sind die tiefsten und ältesten?* *Welche die jüngsten, aber breit ausgreifenden?* *Welche weitere Entwicklung können sie noch speisen?*				
Mein Stamm	Ich bin mir meiner tragenden Prinzipien und Kräfte bewusst und schütze und schone diese. Meditationsfragen: *Wie lauten die Stammprinzipien, die meinen Baum des Lebens tragen?* *Welche Prinzipien hindern mein Wachstum?* *Welche tragen es? Wohin?*				

Meine Äste	Ich weiß um meine verzweigte Vielfalt und achte darauf, dass ich nicht wuchere, sondern Einheit und Vielfalt wohl balanciere. Meditationsfragen: *Wie konnte ich mich bislang verästeln?* *Welches sind die wichtigsten Äste?* *Was kann man auf ihnen bzw. mit ihnen bauen?* *Welche Verästelung strebt aus mir noch heraus?*
Meine Rinde	Meine Rinde ist die Summe der Erfahrungen meines durchlebten Lebens, auf die ich achte, ohne mich unnötig abzuschotten. Meditationsfragen: *Wie pflege ich diese Rinde und bessere sie aus?* *Welche Stellen stören mich?* *Was könnte aus mir werden, wenn ich die Rinde aufweiche oder durchlöchere?*
Meine Blätter	Die Blätter geben meinem Lebensbaum seine Farbe und bilden ein schützendes Dach. Meditationsfragen: *Welche Farben haben meine Blätter?* *Wovor schützen sie mich?* *Was versprechen sie mir?*
Meine Früchte	Meine Früchte sind die Gaben, die ich mit meinem Leben dem Leben selbst zurückgebe und schenke. Meditationsfragen: *Welche Früchte trägt mein Lebensbaum?* *Wen ernähren diese Früchte?* *Welche weiteren Früchte möchte ich noch ernten?*

Tafel 10: Etüde »Zum Baum werden, der man (noch) sein kann« (Arnold 2017b, S. 61)

Indem wir uns in dieser oder ähnlicher Wiese immer mal wieder darüber klar zu werden bemühen, wie es um unser inneres Wachstum tatsächlich bestellt ist und zu welchen Optionen wir uns noch entscheiden wollen, um zu einem vielfältigeren Ausdruck unseres Selbst zu gelangen, beginnen wir, uns von den bekannten und auch vielfach starren Formen unseres Selbst zu lösen. Erst diese innere Bewegung versetzt uns auch in die Lage, durch unsere Taten in anderer Weise zu wirken. Dann erst beginnen wir auch, den positiven Kräften der selbsterfüllenden Prophezeiung einen Raum zu geben, und können beobachten, wie das, was wir erhoffen, mehr und mehr Gestalt gewinnt. Wir sind dann nicht länger Getriebene einer inneren Programmierung, die bloß in Teilen unsere eigene Logik wiedergibt. Vielmehr beginnen wir, die »Macht der inneren Bilder« (Hüther 2006) zu nutzen, um unserem Leben im Außen eine Färbung zu geben, die unserer eigenen Farbpalette entstammt. Die folgende Geschichte mahnt uns in diesem Zusammenhang daran, dass es dabei um die bewusste Anordnung der großen Dinge in unserem Leben geht:

WANN IST DAS GLAS VOLL?

Eines Tages hält ein Zeitmanagement-Experte einen Vortrag vor einer Gruppe von Studenten, die Wirtschaft studieren. Er möchte ihnen einen wichtigen Punkt vermitteln mithilfe einer Vorstellung, die sie nicht vergessen sollen. Als er vor der Gruppe dieser qualifizierten angehenden Wirtschaftsbosse steht, sagt er: »Okay, Zeit für ein Rätsel«.

Er nimmt einen leeren 5-Liter-Wasserkrug mit einer sehr großen Öffnung und stellt ihn auf den Tisch vor sich. Dann legt er ca. zwölf faustgroße Steine vorsichtig einzeln in den Wasserkrug. Als er den Wasserkrug mit den Steinen bis oben gefüllt hat und kein Platz mehr für einen weiteren Stein ist, fragt er, ob der Krug jetzt voll ist. Alle sagen: »Ja.«

Er fragt: »Wirklich?« Er greift unter den Tisch und holt einen Eimer mit Kieselsteinen hervor. Einige hiervon kippt er in den Wasserkrug und schüttelt diesen, sodass sich die Kieselsteine in die Lücken zwischen den großen Steinen setzen.

Er fragt die Gruppe erneut: »Ist der Krug nun voll?«

Jetzt hat die Klasse ihn verstanden und einer antwortet:

»Wahrscheinlich nicht!«

»Gut!«, antwortet er. Er greift wieder unter den Tisch und bringt einen Eimer voller Sand hervor. Er schüttet den Sand in den Krug und wiederum sucht sich der Sand den Weg in die Lücken zwischen den großen Steinen und den Kieselsteinen. Anschließend fragt er: »Ist der Krug jetzt voll?«

»Nein!«, ruft die Klasse.

Nochmals sagt er: »Gut!«

Dann nimmt er einen mit Wasser gefüllten Krug und gießt das Wasser in den anderen Krug bis zum Rand. Nun schaut er die Klasse an und fragt: »Was ist der Sinn meiner Vorstellung?«

Ein Angeber hebt seine Hand und sagt:

»Es bedeutet, dass egal, wie voll auch dein Terminkalender ist, wenn du es wirklich versuchst, kannst du noch einen Termin dazwischenschieben.«

»Nein«, antwortet der Dozent, »das ist nicht der Punkt. Die Moral dieser Vorstellung ist: Wenn du nicht zuerst mit den großen Steinen den Krug füllst, kannst du sie später nicht mehr hineinsetzen. Was sind die großen Steine in eurem Leben? Eure Kinder, Personen, die ihr liebt, eure Ausbildung, eure Träume, würdige Anlässe, Lehren und Führen von anderen, Dinge zu tun, die ihr liebt, Zeit für euch selbst, eure Gesundheit, eure Lebenspartner? Denkt immer daran, die großen Steine zuerst in euer Leben zu bringen, sonst bekommt ihr sie nicht alle unter. Wenn ihr zuerst mit den unwichtigen Dingen beginnt, dann füllt ihr euer Leben mit kleinen Dingen voll und beschäftigt euch mit Sachen, die keinen Wert haben, und ihr werdet nie die wertvolle Zeit für große und wichtige Dinge haben.«[16]

Um werden zu können, wer wir sein könnten und möchten, ist es zudem wichtig, genau zu prüfen, in welcher Umgebung wir uns bewegen. Ist es eine alte, durch ererbte Grundsätze umstellte Welt, oder finden wir im Außen tatsächlich den Nährboden zur Nutzung der Möglichkeiten, zu denen wir uns aufgemacht haben? Im ersten Fall bleibt uns immerhin die verbreitete Klage: »Wir würden ja gerne, wenn die Bedingungen anders wären.« Im zweiten Fall befolgen wir auch für das eigene Leben den agilen Führungsgrundsatz »structure follows strategy«. Die beiden folgenden Geschichten verdeutlichen diese beiden Überlegungen:

DIE TOPFPFLANZE

Eine Pflanze wächst niemals nur in eine Richtung. Je mehr sie in die Höhe wächst, umso tiefer müssen ihre Wurzeln reichen. Wie hoch eine gesunde Pflanze wachsen kann, entscheidet sich daher durch die Größe des Topfs. Soll die Pflanze weiterwachsen, braucht man einen größeren Topf. Allerdings vertragen es viele Pflanzen nicht, wenn man sie aus ihrer vertrauten Erde reißt und woanders wieder einpflanzt. Außerdem sind große, neue Töpfe teuer.

Was also tun? Manche gießen die Pflanze einfach nicht mehr, damit sie nicht mehr so schnell wächst. Dadurch sparen sie sogar noch eine Menge Wasser. Doch verwundert stellen sie dann fest, dass die ganze Pflanze eingeht.

Andere schneiden aus der Pflanze ein paar Triebe heraus und pflanzen sie in

16 Verfügbar unter https://robert-betz.com/mediathek/inspirationen/der-krug-und-die-steine/ [1.11.2020].

einen Nachbartopf. Keine schlechte Idee, doch dadurch wird ihre Pflanze niemals groß. Die dritten wollen mehr Platz für die Wurzeln schaffen und bohren daher viele kleine Löcher in den Topf. Doch dabei rieselt nur die Blumenerde raus. Es bleibt dabei: Wer eine gut wachsende Pflanze in seinem Blumenfenster haben will, muss sie ab und zu umtopfen.

(nach Nöll 2002, S. 141)

Auch die bekannte Geschichte von Robert F. Mager schildert mit drastischen Bildern, wohin ein zielloses Umhertreiben im Leben führen kann:

DAS SEEPFERDCHEN

Es war einmal ein Seepferdchen, das eines Tages seine sieben Taler nahm und sich aufmachte, sein Glück zu suchen.

Es war noch gar nicht weit gekommen, da traf es einen Aal:

»Pst. Hallo Kumpel«, sagte der Aal. »Wo willst du hin?«

»Ich bin unterwegs, mein Glück zu suchen«, antwortete das Seepferdchen stolz.

»Da hast du es ja gut getroffen«, meinte der Angler. »Für vier Taler kannst du diese schnelle Flosse haben, damit kommst du schneller voran.«

»Ei, das ist ja prima«, sagte das Seepferdchen, bezahlte, zog die Flosse an und glitt mit doppelter Geschwindigkeit von dannen.

Bald kam das Seepferdchen zu einem Angler, der sagte:

»Pst. Hallo Kumpel. Wo willst du hin?«

»Ich bin unterwegs, mein Glück zu suchen«, antwortete das Seepferdchen stolz.

»Da hast du es ja gut getroffen«, sagte der Angler. »Für ein kleines Trinkgeld überlasse ich dir dieses Boot mit Düsenantrieb; damit könntest du viel schneller reisen.«

Da kaufte das Seepferdchen von seinem letzten Geld das Boot und sauste mit fünffacher Geschwindigkeit durch das Meer.

Kurze Zeit später begegnete das Seepferdchen einem Haifisch. Auch der fragte:

»Pst. Hallo Kumpel. Wo willst du hin?«

»Ich bin unterwegs, mein Glück zu suchen«, antwortete das Seepferdchen stolz.

»Da hast du es ja gut getroffen«, erwiderte auch der Haifisch. »Wenn du diese kleine Abkürzung nehmen willst«, und der Haifisch zeigte auf seinen geöffneten Rachen, »sparst du eine Menge Zeit.«

»Ei, vielen Dank«, antwortete das Seepferdchen ... und sauste in den Magen des Raubfisches. Was ist die Moral von der Geschichte?

Wenn man nicht genau weiß, was sein Ziel ist, landet man leicht da, wo man keinesfalls hinwollte!

(Mager 1983)

6 SELBSTFÜHRUNG: ICH FÜHRE, INDEM ICH MICH SELBST VERÄNDERE

Die gute Botschaft der angewandten Gehirnforschung, wie sie von Francisco Varela und Kollegen vorbereitet und von Joe Dispenza in den letzten Jahren populärwissenschaftlich aufgegriffen und gewendet wurde, ist: *Wir müssen nicht so bleiben, wie wir haben werden können, sondern können die Versteifungen unserer eingeschliffenen Muster des Denkens, Fühlens und Handelns hinter uns lassen* – durch absichtsvollen, konzentrierten Umgang mit unserem Bewusstsein. Dadurch werden wir – geistig – »agiler«, d. h., wir sind als Führungskräfte besser in der Lage, »schneller, flexibler und besser angepasst«[17] zu handeln. Diese Aufgeschlossenheit und Schnelligkeit wird dabei durch die Trägheit unserer Erfahrungen gebremst, die uns zwar in die Lage versetzen, uns relativ schnell ein Bild von dem zu machen, worum es sich in einer gegebenen Situation zu handeln scheint; es ist aber genau diese dereinst überlebenssichernde Fähigkeit unserer Hirnfunktionen, die uns festlegt und uns das Neue, Ungewohnte und Innovative einer völlig veränderten Sicht der Dinge immer wieder verpassen lässt. Wir erstarren dann in den Funktionsmechanismen unserer »Neurorigidität« und sind kaum in der Lage, uns von diesen

17 Agile Führung: Definition und Prinzipien. Verfügbar unter https://wpgs.de/fachtexte/fuehrung-von-mitarbeitern/agile-fuehrung-definition-und-prinzipien/ [9.5.2020].

früh eingespurten und synaptisch dicht verwobenen Wahrnehmungsmustern zu lösen. Prinzipiell ist unser Gehirn zu einer solchen Transformation jedoch in der Lage: Es kann erkennen, in welchen frühen Gegebenheiten unsere Strukturbesonderheiten dereinst entstanden sind und ihre Berechtigung hatten, und diese Muster des Denkens, Fühlens und Handelns hinter sich lassen. Zu dieser neuroplastischen Chance einer Umprogrammierung schreibt Joe Dispenza:

> »*Es kostet Aufmerksamkeit und Mühe, den Teufelskreis eines unbewusst ablaufenden Denkmusters zu verlassen. Zuerst müssen wir unsere Routine durchbrechen und uns unser Leben ansehen. Durch Kontemplation und Selbstreflexion werden wir uns unserer unbewussten Drehbücher bewusst. Dann müssen wir lernen, diese Gedanken wahrzunehmen, ohne dementsprechend zu reagieren, um die automatischen chemischen Prozesse zu unterbinden, die ein bestimmtes Verhalten nach sich ziehen. Jeder Mensch trägt die Fähigkeit zur Selbstwahrnehmung, zur Beobachtung der eigenen Gedanken in sich. Wir müssen lernen, uns von diesen Programmen zu distanzieren, dann können wir sie auch beherrschen. So erlangen wir schließlich die Kontrolle über unsere Gedanken. Damit unterbrechen wir neurologische Verknüpfungen, die sich verfestigt haben*« *(Dispenza 2016, S. 67).*

Wir können uns auf diesem Wege »selbst neu erfinden« (ebd., S. 68), indem wir

> »*(...) konsequent am Denken neuer Gedanken festhalten. Um ein anderer Mensch zu werden, musste jeder (der von Dispenza untersuchten Spontanheilungsfälle; R. A.) sich in ein neues Leben hineindenken. Alle, die ihre Gesundheit wiedergewonnen haben, hatten irgendwann bewusst die Entscheidung getroffen, sich selbst neu zu erfinden. Jeder brach aus seiner täglichen Routine aus, verbrachte Zeit allein, reflektierte und dachte darüber nach, was für eine Art Mensch er denn werden wollte. Alle stellten sie Fragen und zogen ihre bisherigen Annahmen über sich selbst ganz grundsätzlich in Zweifel*« *(ebd.).*

Dieses disziplinierte Vorgehen entspringt einer angewandten Hirnphysiologie. Diese weiß, dass es letztlich innere Prozesse sind, die uns die Bilder von der Wirklichkeit zeichnen lassen, die wir zeichnen – nicht zu hundert, aber wohl zu 80 % (vgl. Tafel 6). Indem wir nicht länger ausschließlich darauf fokussiert sind, was wir beobachten, sondern wie wir beobachten, können wir verstehen, warum wir z. B. dazu neigen, bestimmte Situationen bevorzugt zu dramatisieren oder gar als ausweglos zu empfinden. Dabei erfahren wir letztlich mehr über uns selbst, d. h. über unsere Lebenserfahrungen und Lebensprägungen, als über die jeweilige Situation, die uns an- oder aufregt, und wir kommen mehr und mehr in die Lage, uns in anderer Weise von diesen Situationen an- oder aufregen zu lassen. Dabei verstehen wir auch, dass es meist keine zwingenden Wenn-dann-Bezüge zwischen einer Situation und deren Erleben gibt. Dies bedeutet: Objektiv gesehen gleiche Situationen werden von Menschen sehr unterschiedlich erlebt: Selbst, wenn alle gleichermaßen die Lage als bedrängend oder gar bedrohlich erleben, triggert dieses Erleben recht unterschiedliche Denk- und Gefühlsprogramme bei den einzelnen Akteuren; einige gleiten in Enttäuschung, Trauer oder überwertiges – lähmendes – Entsetzen, während andere im selbstaktiven Modus zur Gegenwehr greifen, Auswege finden und nutzen. Indem es Menschen gelingt, ihre bevorzugten Reaktionsformen zu identifizieren, zu studieren, zu durchspüren und mögliche alternative Verhaltensweisen zu üben, können sie auch so weit gehen, gewohnte gegen neue Sicht- und Verhaltensweisen zu erproben und gegen die bisherigen Spontandeutungen auszuwechseln. Dabei machen sie sich auf den Weg, »das Bild ihres eigenen neuen Selbstausdrucks im Leben« (ebd., S. 69) möglichst deutlich zu imaginieren und allmählich als ein neuronales Netzwerk zu verfestigen. Dieses ermöglicht ihnen letztlich auch einen anderen Blick auf ihr Leben – selbst dann, wenn sie an dessen äußeren Bedingungen nichts verändern. Die bisherigen, ererbten oder übernommenen Deutungs- und Emotionsmuster bilden sich dabei auch hirnphysiologisch beobachtbar allmählich zurück – auch in den durch bildgebende Verfahren nachweisbaren Hirnveränderungen werden die alten synaptischen Verbindungen deutlich geringer, während sich die neuen Verknüpfungen auch im Hirnscan zeigen: Denken verändert hierbei nachweislich die Natur! – ein faszinierender Sachverhalt.

Ganz anders hingegen die Wirkungsweise spontan sich einstellender Lagebeurteilungen, an denen die Akteure um nahezu jeden Preis festhalten, wie folgende Geschichte zeigt:

FUNKSPRUCH

Dies ist ein realer Funkspruch, der zwischen Spaniern und Amerikanern am 16. Oktober 1997 stattgefunden hat – aufgenommen von der Frequenz des spanischen Maritimen Notrufs, Canal 106, an der galizischen Küste »Costa de Fisterra«. Diesen Funkspruch hat es wirklich gegeben, und er wurde erst im März 2005 von den spanischen Militärbehörden zur Veröffentlichung freigegeben. Alle spanischen Zeitungen haben ihn nun gedruckt, und mittlerweile lacht sich ganz Spanien kaputt.

Spanier: »Hier spricht A-853 zu Ihnen, bitte ändern Sie Ihren Kurs um 15 Grad nach Süden, um eine Kollision zu vermeiden ... Sie fahren direkt auf uns zu, Entfernung 25 nautische Meilen.«

Amerikaner: »Wir raten Ihnen, Ihren Kurs um 15 Grad nach Norden zu ändern, um eine Kollision zu vermeiden.«

Spanier: »Negative Antwort. Wir wiederholen: Ändern Sie Ihren Kurs um 15 Grad nach Süden, um eine Kollision zu vermeiden.«

Amerikaner (eine andere amerikanische Stimme): »Hier spricht der Kapitän eines Schiffes der Marine der Vereinigten Staaten von Amerika zu Ihnen. Wir beharren darauf: Ändern Sie sofort Ihren Kurs um 15 Grad nach Norden, um eine Kollision zu vermeiden.«

Spanier: »Dies sehen wir weder als machbar noch erforderlich an, wir empfehlen Ihnen, Ihren Kurs um 15 Grad nach Süden zu ändern, um eine Kollision zu vermeiden.«

Amerikaner (stark erregter, befehlender Ton): »Hier spricht der Kapitän Richard James Howard, Kommandant des Flugzeugträgers ›USS Lincoln‹ von der Marine der Vereinigten Staaten von Amerika, das zweitgrößte Kriegsschiff der nordamerikanischen Flotte. Uns geleiten zwei Panzerkreuzer, sechs Zerstörer, fünf Kreuzschiffe, vier U-Boote und mehrere Schiffe, die uns jederzeit unterstützen können. Wir sind in Kursrichtung persischer Golf, um dort ein Militärmanöver vorzubereiten und im Hinblick auf eine Offensive des Irak auch durchzuführen. Ich rate Ihnen nicht, ich befehle Ihnen, Ihren Kurs um 15 Grad nach Norden zu ändern!!! Sollten Sie sich nicht daran halten, so sehen wir uns gezwungen, die notwendigen Schritte einzuleiten, die notwendig sind, um die Sicherheit dieses Flugzeugträgers und auch die dieser militärischen Streitmacht zu garantieren. Sie sind Mitglied eines alliierten Staates, Mitglied der NATO und somit dieser militärischen Streitmacht. Bitte gehorchen Sie unverzüglich und gehen Sie uns aus dem Weg!«

Spanier: »Hier spricht Juan Manuel Salas Alcántara. Wir sind zwei Personen. Uns geleiten unser Hund, unser Essen, zwei Bier und ein Mann von den Kanaren, der gerade schläft. Wir haben die Unterstützung der Sender Cadena Dial von La Coruna und Kanal 106 als Maritimer Notruf. Wir fahren nirgendwo hin, da wir mit Ihnen vom Festland aus reden. Wir befinden uns im Leuchtturm A-853 Finisterre an der Küste von Galizien. Wir haben eine Scheißahnung, welche Stelle wir im Ranking der spanischen Leuchttürme einnehmen. Und Sie können die Schritte einleiten, die Sie für notwendig halten und auf die Sie geil sind, um die Sicherheit ihres Scheiß-Flugzeugträgers zu garantieren, zumal er gleich an den Küstenfelsen Galiziens zerschellen wird, und aus diesem Grund müssen wir darauf beharren und möchten es Ihnen nochmals ans Herz legen, dass es das Beste, das Gesündeste und das Klügste für Sie und Ihre Leute ist, Ihren Kurs um 15 Grad nach Süden zu ändern, um eine Kollision zu vermeiden.«[18]

Wenn wir uns auf die in uns entstehenden und unsere Wahrnehmung in vertraute Muster ziehenden Beobachtungen konzentrieren, um die Beobachtung zu beobachten, ist das der Ansatzpunkt der Meditation. In der Meditation können Menschen in sich die Fähigkeit stärken, nicht erwartungsgemäß und in vertrauten Bahnen zu denken, zu fühlen und zu handeln – oft in einer Weise, dass uns unsere Gedanken und Gefühle »haben«, statt, dass wir es sind, die sie »haben«. Wem es gelingt, diesen Automatismus zu unterbrechen, der öffnet sich zumindest für andere Wirkungszusammenhänge, und er gibt seinem Gegenüber oder seinen eigenen möglichen Bewegungen die Chance, in anderer – neuer und unerwarteter – Weise in Erscheinung zu treten. Diese Vieldeutigkeit ist das genaue Gegenteil von dem, was unsere vereindeutigende Spontanbeurteilung uns sofort – im Moment der Wahrnehmung – einflüstert. Das alte Überlebensmuster »rasche Reaktion rettet mein Leben« wird dabei mehr und mehr abgelöst durch das zu übende Muster, »es könnte auch ganz anders sein und ist es auch, wenn ich es imaginieren und aushalten kann!«. Vielleicht ist dies der Zustand, den asiatische Kulturen meinen, wenn sie von »Erleuchtung« reden.

ERLEUCHTUNG

Der Meister sprach nie über den Moment seiner eigenen Erleuchtung, wie oft seine Schüler ihn auch baten, etwas darüber zu erzählen.

Nur einmal sprach er hierüber mit seinem jüngsten Sohn, als dieser ihn fragte, wie er sich fühlte, als er in die Wirklichkeit hinein erwachte.

18 Verfügbar unter https://robert-betz.com/mediathek/inspirationen/funkspruch-zwischen-flugzeugtraeger-und-leuchtturm/ [12.12.2020].

»Ich fühlte mich wie ein Narr«, sagte der Meister.

»Warum?«, wollte der Sohn wissen.

Der Meister antwortete: »Nun, es war, als ob ich mir alle Mühe gegeben hatte einzubrechen, auf eine Leiter geklettert bin, ein Fenster eingeschlagen habe, Türen aufbrach, um letztendlich zu entdecken, dass die Vortür einfach offen stand.«[19]

Als hirnphysiologisch naheliegender und auch recht unspektakulärer Weg zur Bewusstseinserweiterung und Selbstveränderung wurde die Meditation bereits von der Forschergruppe um den chilenischen Hirnforscher Francisco Varela vorgeschlagen. Diesen Forscherinnen und Forschern ging es um ein systematisches – unbeabsichtigt absichtsvolles – Verlernen unserer routinemäßigen Art, die Welt zu deuten, um sie auszuhalten. Damit bewegen sie sich in der Tradition des Buddhismus, dessen Kernanliegen die Selbstbefreiung von destruktiven Emotionen und unreflektierter Aufmerksamkeitsrichtung sowie die eigene Bewusstwerdung sind. Bewusst werden wir uns, wenn uns selbst aufzufallen beginnt, wie überschaubar und auch durchschaubar die Aufmerksamkeitsrichtungen sind, denen wir uns tagtäglich unreflektiert anvertrauen, und die dabei entstehende Kontingenz für gewiss und so-und-nicht-anders als gegeben einschätzen.

DER INDIANER UND DIE GRILLE

Ein Indianer, der in einem Reservat weit ab von der nächsten Stadt entfernt wohnte, besuchte das erste Mal seinen weißen Bruder in der großen Metropole. Er war sehr verwirrt vom vielen Lärm, von der Hektik und vom Gestank in den Straßenschluchten. Als sie nun durch die Einkaufsstraße mit den großen Schaufenstern spazierten, blieb der Indianer plötzlich stehen und horchte auf.

»Was hast du?«, fragte ihn sein Freund.

»Ich höre irgendwo eine Grille zirpen«, antwortete der Indianer.

»Das ist unmöglich«, lachte der Weise. »Erstens gibt es hier in der Stadt keine Grillen, und zweitens würde ihr Geräusch in diesem Lärm untergehen.«

Der Indianer ließ sich jedoch nicht beirren und folgte dem Zirpen. Sie kamen zu einem älteren Haus, dessen Wand ganz mit Efeu überwachsen war. Der Indianer teilte die Blätter und tatsächlich: Da saß eine große Grille.

»Ihr Indianer habt einfach ein viel besseres Gehör«, sagte der Weiße im Weitergehen.

19 Verfügbar unter https://taozazen.wordpress.com/tag/zen-geschichten/ [1.11.2020].

»Unsinn«, erwiderte sein Freund vom Land. »Ich werde dir das Gegenteil beweisen.«

Er nahm eine kleine Münze aus seiner Tasche und warf sie auf den Boden. Ein leises »Pling« ließ sich vernehmen. Selbst einige Passanten, die mehr als zehn Meter entfernt standen, drehten sich augenblicklich um und schauten in die Richtung, aus der sie das Geräusch gehört hatten.

»Siehst du, mein Freund, es liegt nicht am Gehör. Was wir wahrnehmen können oder nicht, liegt ausschließlich an der Richtung unserer Aufmerksamkeit. Was du hörst, sagt mehr darüber aus, wie du denkst, als was dich umgibt.«[20]

Durch absichtsvolle und achtsame Beobachtung können wir als Beobachter den Punkt erreichen, an dem uns unsere naheliegenden und sich quasi automatisch einstellenden beurteilenden Beobachtungen fragwürdig werden und wir in der Lage sind innezuhalten.

DIE BRENNENDE GIRAFFE

Im Basler Kunstmuseum ist das Ölgemälde »Die brennende Giraffe« von Salvador Dalí ausgestellt. Im Vordergrund ist eine überlebensgroße, weibliche Figur aus der Froschperspektive gesehen dargestellt. Aus ihrem Körper ragen viele offene Schubladen heraus. Dieses Bild benutze ich in meinen Seminaren gerne und oft als Metapher für unreflektierte Vorannahmen, also für Meinungen, die man sich irgendwann gebildet und deren man sich zu späteren Gelegenheiten ungeprüft wieder bedient.

Ich selbst versuche stets, meine Schubladen geöffnet zu halten, um sie mit frischem Wind zu durchlüften, denn ich will meine ungerechtfertigten Vorurteile von allen Seiten betrachten können.

Kürzlich rief mich die besorgte Mutter eines jungen Mannes an. Sie erzählte, dass ihr Sohn als Informatik-Azubi Mühe in der Ausbildung sowie im Umgang mit seinem Vorgesetzten habe, und sie fragte, ob er sich bei mir Unterstützung holen könne. Klar, antwortete ich und dachte mir: »Vermutlich typischer PC-Freak; vertieft in Computerprobleme, also klarer Fall von Kopfmensch; zudem erst 18-jährig, mit wenig Erfahrung in der Pflege von Beziehungen und somit eher der introvertierten, männlichen Spezies zugehörig.«

Anlässlich der ersten Besprechung fragte ich ihn nach seinem Ziel, welches er durch unser Gespräch erreichen wolle. Darauf antwortete er mit

20 Verfügbar unter mymonk.de/der-indianer-und-die-grille-eine-kurze-geschichte [16.11.2020].

bewundernswert sicherer Stimme: »Ich will lernen, mehr mit dem Bauch zu denken!«

Ups, touché! Einen Moment lang fragte ich mich, worüber ich nun zuerst staunen sollte: über seine bemerkenswerte Reife oder über mein zerstörtes Vorurteil.

(Lambrecht et al. 2016, S. 150 f.)

Verwundertes Innehalten ist der erste meditative Schritt in Richtung einer nüchternen Sicht der Dinge, mit der man sich auf die Schliche zu kommen vermag. In dem bereits erwähnten Buch *Der Mittlere Weg der Erkenntnis* schreiben Varela und Kollegen:

> *»Alle kontemplativen Traditionen stimmen darin überein, dass es trügerisch und grundfalsch wäre zu meinen, das Ziel der Meditationspraxis liege darin, besondere Fertigkeiten zu entwickeln und religiöse, philosophische oder meditative Virtuosität anzustreben. Besonders die Praktiken, die zur Entwicklung von Achtsamkeit/Gewahrsein beitragen, werden praktisch nie als die Ausbildung meditativer Virtuosität beschrieben (und gewiss nicht als die Entwicklung einer höheren, fortgeschrittenen Form der Spiritualität), sondern als das Aufgeben der gewohnheitsmäßigen Unaufmerksamkeit; man muss also eher verlernen als lernen« (Varela et al. 1992, S. 52).*

Dieses Verlernen fällt nicht leicht. Es beinhaltet nämlich nicht allein den Schritt in eine nicht-beurteilende Haltung, sondern auch den Verzicht auf eine substanzielle Beurteilung dessen, was wir erleben. Entscheidend ist dabei die Konzentration auf die unmittelbaren – reaktiven – Impulse, zu denen alles in uns neigt, und die Fähigkeit, diesen Impulsen achtsam nicht stattzugeben. Ziel dieses »mühelosen Bemühens« (ebd.) ist die Herausbildung und Kultivierung einer selbstreflexiven Haltung in der Tradition der Achtsamkeits- und Gewahrseinsmeditation. Diese meditative Haltung ist vergleichbar

> *»(…) mit dem Stimmen, statt dem Spielen, eines Saiteninstruments – das weder zu straff noch zu locker gestimmt sein darf. Wenn der achtsam Meditierende schließlich beginnt loszulassen, statt darum zu kämpfen, einen besonderen Zustand der Aktivität zu erreichen, stellt er fest, dass Körper und*

Geist natürlich koordiniert sind, und die verkörperte, aufmerksame Reflexion erscheint als ein völlig natürlicher Vorgang « *(ebd., S. 52 f.).*

Wer in diesem Sinne achtsam meditiert, der befreit sich mehr und mehr von alten Gewohnheiten des Denkens, Fühlens und Handelns. Dadurch verbessert sich zugleich die Fähigkeit, Situationen immer wieder »frisch« im Sinne von Peter Senge und Kollegen zu sehen bzw. vor dem eigenen inneren Auge in Erscheinung treten zu lassen. Dabei gilt »Different ways of thinking lead to different ways of action« (Senge et al. 2008, S. 43). Deshalb können sich auch die eigenen Möglichkeiten in dem Moment ändern, in dem es dem Einzelnen gelingt, in veränderter Weise auf das Gegebene zu blicken. Dabei ist es nicht erforderlich, die eigene Lage im Außen durch schmerzhafte Veränderungen, Trennungen und auch Entfremdungen zu verändern; es langt der neue – frische – Blick. Diese Bewegung, nicht erwartungsgemäß zu reagieren und den unmittelbar sich artikulierenden Sichtweisen nicht zu folgen, kann es uns ermöglichen, erstmals anders auf das Gegenüber zu blicken – so lange, bis sich unsere neue Sicht zu einer Veränderung des bisherigen inneren Bildes vorgearbeitet hat. Diese Umkehr lässt sich üben. Dabei kann die 8-Schritte-Meditation hilfreich sein (s. Tafel 11, S. 119).[21]

Selbst in Situationen, in denen man unverschuldet in Problemlagen gerät, ist es möglich und sinnvoll, nicht in der berechtigten Entrüstung zu verharren, sondern nach alternativen Sichtweisen und Deutungen zu suchen – solchen, die auch dem Gegenüber eine Chance lassen, mit seinen Motiven und seinem Tun »Gehör« zu finden. Dabei geht es nicht darum, allen Beeinträchtigungen im Leben bloß einen anderen Sinn zu unterlegen, um sodann mit diesen besser zurechtzukommen. Es geht vielmehr darum, sich für die wahren Absichten, aber auch Ängste und Nöte der anderen zu öffnen, um nicht immer und immer wieder Strenge und Verletztheit in uns zu Wort kommen zu lassen. Indem wir nüchtern auf die Welt der Möglichkeiten bzw. der möglichen Deutungen blicken, und auch lernen, nicht das erste oder letzte Wort zu haben, vielleicht sogar sprachlos beobachtend verweilen, öffnen wir uns auch gegenüber den Selbstheilungskräften des großen Ganzen. Es ist diese gelassene

21 Der Umgang mit dieser 8-Schritte-Meditation ist nicht allzu schwer: Zunächst werden die Schritte 1–4 zehn Minuten lang durchspürt, wobei es darauf ankommt, sich einfach entspannt der aufgeworfenen Frage zu widmen und genau zu beobachten, welche Vorstellungen zum Loslassen oder zur Umkehr in einem aufscheinen. Je genauer wir darauf achten, welche Gedanken und Eindrücke dabei in uns auftauchen, desto wirksamer kann die meditative Bewegung zur Lösungssicht ausfallen.

Umkehr-Meditation	vom alten Denken (Problemsicht)	zum neuen Denken (Lösungssicht)
Thema	1. Mit welchen Gedanken und Gefühlen springt mich das Thema wann an?	5. Mit welchen Bildern kann ich eine neue Sicht oder einen guten Ausgang der Thematik schaffen?
Umsteuern	2. Wie kann ich aus dem Gedanken- und Gefühlssurfen rechtzeitig aussteigen?	6. Welche Vorstellung nutze ich als Ausstiegsbild, wenn die Problemsicht mich anspringt?
Rückrudern	3. Was hindert mich daran zurückzurudern, wenn ich in die Problemtrance falle?	7. Wie und wohin rudere ich, wenn ich zurückrudere? An welchen Ausgangspunkt kehre ich zurück?
Normalisieren	4. Wie kann ich das Nicht-Thematisieren zum Normalzustand werden lassen?	8. Mit welcher absichtsvoll herbeigeführten Vorstellung beginne ich den Tag, indem ich umfokussiere?

Tafel 11: Von der Problem- zur Lösungssicht (Arnold 2019a, S. 140)

Form im Umgang mit dem, was uns geschieht, um die es Dispenza geht:

> »*Wir müssen nur unseren gebildeten Verstand aus dem Weg räumen und einer größeren Intelligenz ermöglichen, zu tun, was sie am besten kann*« *(Dispenza 2016, S. 41).*

Dadurch werden wir zu den »Schöpfer(n) der Wirklichkeit«, indem es uns gelingt, über uns selbst und unsere bisherigen Beschränkungen hinauszuwachsen. Es geht auch hierbei im Kern darum, sich mit etwas zu verbinden, was nicht unserem analytischen Geist entstammt. Vielmehr ist es erforderlich

> »*(...) die alten Denkmuster und die damit verbundenen Gefühle loszulassen*« *(ebd., S. 55).*

Und dadurch kann eine Bewegung geschehen, die uns zu den eigentlichen Regisseuren unseres Denkens, Fühlens und Handelns werden lässt. Wir verweilen nicht länger im Wiederholungsmodus unseres bisherigen Lebens, sondern folgen unserer eigenen Vision von uns selbst und unserem Leben. Dabei haben wir als Menschheit

> » *(...) gerade erst begonnen zu erwägen, dass alles in unserem Umfeld nur eine von unzähligen möglichen Manifestationen ist* « *(ebd.).*

Indem Dispenza auf die absichtsvolle Selbst-Veränderung der ins uns tief verankerten Bilder setzt, wendet er sich auch von den überlieferten Vorstellungen ab, die grundlegenden Wesensmerkmale eines Menschen seien bereits in frühen Jahren nahezu abschließend synaptisch programmiert und würden sich meist auch hinter dem Rücken der Menschen immer wieder Geltung verschaffen. Man kann diesem dominanten Mechanismus in uns jedoch entgegenwirken. Dispenza markiert einen alternativen Ansatz, indem er auf die Plastizität unseres Gehirns setzt. Dieses kann umlernen und die eher pessimistischen Lesarten der Festlegungen durch Geburt und Elternhaus mehr und mehr hinter sich lassen:

> » *Lange Zeit glaubten die Wissenschaftler, das Gehirn sei fest ›verdrahtet‹, Veränderungen seien somit unmöglich, unsere von den Eltern ererbten Reaktionsmöglichkeiten und Neigungen unser Schicksal. Doch das Gehirn verfügt über eine große Elastizität; es kann alte Gedankenpfade stilllegen und neu eröffnen, zu jeder Zeit und in jedem Alter – und zwar ziemlich schnell, vor allem im Vergleich mit gewöhnlichen Evolutionsmodellen, wo die Zeit in Generationen und Äonen gemessen wird und nicht in Wochen* « *(ebd., S. 49 f.).*

Indem das Gehirn sich darin übt, Bilder einer neuen und ungewohnten Welt zu erzeugen – für die, wie gesagt, in uns nichts spricht – und sich mit diesen Bildern weitgehend außerhalb der Problemlage zu bewegen und sich sozusagen darauf zu versteifen, dass das Problem schon allein dadurch verschwinden werde, dass wir es gewissermaßen ignorieren und ihm keine zusätzliche Bedeutung verleihen, entstehen neue synaptische Muster, die mehr und mehr beginnen, unser Denken, Fühlen und Handeln zu bestimmen. Dispenza weiß, dass Ängste, Misstrauen und Versagen sowie Vorwürfe die inneren Möglichkeiten des Einzelnen bestimmen, indem sie sein Denken, Fühlen und Handeln im Außen determinieren und ihn daran hindern, »einer neuen, positiveren

Wirklichkeit Platz« zu machen (ebd., S. 52).

Menschen, die in dieser Weise abgebremst unterwegs sind,

> » *(sind) durch Vorgänge in ihrem Inneren buchstäblich behindert und (können) weder die Größe ihrer Existenz erfahren, noch die Freiheit und Freude eines angstfreien Lebens genießen* « *(ebd.).*

Agile Führung basiert schwerpunktmäßig auf der Transformation des Mindsets der Akteure. Diese *nachhaltig* aus der Problemtrance ihrer bisherigen Denkweise und den problemsprachlichen Selbstgesprächen Schritt für Schritt herauszuführen ist dabei das eigentliche Anliegen. Dabei müssen zunächst die Argumentationen, Redewendungen und Schlüsselbegriffe der bisherigen Sicht der Dinge »auf den Tisch« – also durchspürt und besprochen werden. Die weiteren Schritte dienen der Identifizierung neuer – zukunftsöffnender – Sichtweisen auf das Geschehen und die lösungssprachliche Formulierung von anderen Sichtweisen auf das bislang als kränkend empfundene Unausweichliche sowie die Artikulation konkreter Absichten (»Ich stelle mir vor ...«). Dieser so präzisierte zukunftsoffene Mindset muss nun geübt, imaginiert und mehr und mehr automatisiert werden. Varela und Kollegen beschreiben, wie dabei Achtsamkeit wächst und die Zahl der Perspektiven sich in einer neuen Haltung erweitern kann:

> » *Durch präzise, disziplinierte Achtsamkeit in jedem einzelnen Moment kann man die Kette der automatischen Konditionierung durchbrechen – also nicht automatisch von der Gier zum Ergreifen und allem daraus Folgendem fortschreiten. Das Durchbrechen habitueller Muster verstärkt die Achtsamkeit und erlaubt es dem Meditierenden schließlich, sich für die mehr Raum gewährenden Möglichkeiten des Gewahrseins zu öffnen und Einsicht in das Entstehen und Vergehen der erfahrenen Phänomene zu entwickeln* « *(Varela et al. 1992, S. 165).*

Es geht der agilen Führung somit nicht um die Anwendung irgendwelchen Expertenwissens noch um das Durchspüren der systemischen Wirkungszusammenhänge, in denen das Ich sich zu positionieren versucht, und auch nicht um das Erkennen der eigenen – bevorzugten – Mechanismen des Beobachtens, Erkennens und Wiederholens. Ihr Ziel ist es vielmehr – in enger

Tuchfühlung mit den bisherigen Formen des Denkens, Fühlens und Handelns der Akteure einen »zukunftsoffenen Mindset« (s. Tafel 11) zu konstruieren, der – möglichst in den eigenen Formulierungen des Klienten – dafür taugt, sich gezielter an einem anderen Bild der eigenen Zukunft zu orientieren, als es ihnen ihr bisheriger – problemsprachlicher – Mindset tagtäglich ungebeten einflüstert. Proaktive Psychotherapie ist somit durch und durch eine um Anschlussfähigkeit bemühte Begleitung des Klienten. So löst sich die agile Führungskraft weitgehend von wissenschaftlichem Erklärungs- und Beratungswissen und wendet sich entschlossen den »inneren Bildern« (Hüther 2006) der Akteure zu. Diese sind eingeladen, ihre Spontansicht der Dinge proaktiv zu konstruieren, d. h., selbst die Initiative zu übernehmen und – wie Varela und Kollegen es ausdrücken – die »habituelle(n) Muster« zu durchbrechen (Varela et al. 1992, S. 165). Dies scheint leichter gedacht als getan, geht es doch um eine geistige Selbstdisziplinierung – sich also wie Münchhausen am eigenen Zopf aus dem Sumpf des gewohnten Denkens, Fühlens und Handelns zu ziehen (vgl. Watzlawick 1988).

Aus dieser Umdeutung der Lage kann allerdings beides entstehen: echte Lösung (im Sinne einer beziehungserhaltenden Befreiung aus Verstrickungen) oder Schuldzuweisung (im Sinne der Legitimation eines für andere kränkenden »abweichenden« Verhaltens) – je nachdem, welche Leitorientierung der Suchende seiner Umdeutung selbst zugrunde legen will.

Watzlawick verlagert somit das Problem der Umdeutung lediglich auf eine tiefere – wahrscheinlich emotionale – Ebene, auf welcher der Referenzpunkt liegt, von dem aus die Umdeutung erfolgen soll. Dabei bleiben viele Fragen offen, wie z. B.: »Will ich meinen Versuch, mit der Lage besser zurechtzukommen, aus einer Trennungsperspektive unternehmen, oder folge ich mit ihm einer Versöhnungsperspektive?« Und: »Wie sieht die eigene Umdeutung aus, wenn beide Perspektiven sich in meiner Seele immer wieder abwechseln?« Wie klärt oder verändert sich dieser grundlegende Referenzpunkt bei dem Versuch, vom bisherigen zu einem zukunftsoffenen Mindset voranzuschreiten?

Agile Führung stellt den durchaus überzeugenden Versuch dar, die Transformation des eigenen Denkens, Fühlens und Handelns nachhaltig zu gewährleisten, indem sie auf eine Art hirnphysiologische Umprogrammierung durch Übung setzt.

Zur situativen Unangepasstheit gewohnter Mindsets existieren zahlreiche Geschichten und Witze, wie z. B. der folgende:

PASSEND DEUTEN

Im Schwarzwald war ein sehr heruntergekommener und hungriger Bettler unterwegs. Er klingelt an einem Haus, und eine alte Oma schaut oben zum Fenster raus.

»Gute alte Frau«, jammert der Bettler nach oben, »drei Tage habe ich schon nichts mehr gegessen.«

Die Oma antwortet: »Musst dich halt zwingen!«

(Trenkle 1995, S. 130)

UMDEUTEN

Das Ganze ereignete sich um die Jahrhundertwende in den USA. Ein respektierter Rechtsanwalt im Wilden Westen musste seinen Lebenslauf für eine Versicherung ausfüllen. Und dann kam jene Frage:

»Todesursache des Vaters?« Das war nun etwas problematisch. Der Jurist wollte nicht schreiben, dass sein Vater wegen Viehdiebstahls aufgehängt wurde.

Er löste das Problem wie folgt: Mein Vater starb, während er an einer öffentlichen Veranstaltung teilnahm. Er wurde getötet, als die Plattform unter ihm nachgab.

(Trenkle 2000, S. 104)

Die hirnphysiologische Umprogrammierung durch Übung geht über den Münchhausen- Versuch von Paul Watzlawick hinaus und gleicht eher dem Bemühen, die Räder eines Autos bei voller Fahrt zu wechseln, um einem neuen Referenzpunkt für das eigene Denken, Fühlen und Handeln folgen zu können. In diesem Sinne fordert Joe Dispenza seine Leser auf,

> » *(…) über Ihre Lebensumstände hinaus(zu)denken, über die Gefühle, die Sie in Ihrem Körper verinnerlicht haben, hinaus(zu)wachsen und in einer neuen ›Zeitschiene‹ zu leben. Damit Sie sich verändern (…), müssen Sie in Ihren Gedanken ein ideales Bild von sich haben – ein Modell, dem Sie nacheifern können und das anders und besser ist als Ihr ›heutiges‹ Ich in Ihrem spezifischen Umfeld, Ihrem Körper und der Zeit* « *(Dispenza 2017, S. 75).*

Eine solche Konstruktion, Präzisierung und Imagination eines neuen Referenzpunktes scheint dabei prinzipiell leicht zu sein, wenn – so Dispenza – wir unser »mentales Proben« ernsthaft in Angriff nehmen und uns um die synaptische Verankerung einer anderen – idealeren – Sicht der Dinge bemühen. Er schreibt:

> » *Nach neurowissenschaftlichen Erkenntnissen können wir tatsächlich unser Gehirn verändern – und damit auch unsere Verhaltensweisen, Einstellungen und Überzeugungen –, einfach, indem wir anders denken (also, ohne im äußeren Umfeld etwas zu verändern). Durch mentales Proben (sich immer wieder vorstellen, wie man etwas Bestimmtes tut) können sich Schaltkreise im Gehirn umorganisieren, sodass sie unsere Ziele widerspiegeln. Wir können unsere Gedanken so real gestalten, dass das Gehirn sich verändert und so ausschaut, als wäre das Ereignis in der physischen Wirklichkeit bereits eingetreten. Wir können das Gehirn vor jeglicher tatsächlicher Erfahrung in der Außenwelt verändern* « *(ebd., S. 85).*

Evidenzen, die die Macht des Bewusstseins über die Materie eindrucksvoll zu belegen scheinen, gibt es somit genügend, weshalb der proaktive Selbstführungsansatz, wie ihn Diszpenza skizziert, durchaus evidenzbasiert daherkommt. Er wendet sich den eigentlichen – hirnphysiologischen – Mechanismen unseres Bewusstseins zu, deren Automatismus bislang häufig behinderte, dass die durch Selbstreflexion und mithilfe von psychologischen Erklärungsmodellen gewonnenen Einsichten tatsächlich zu einer nachhaltigen Verhaltensänderung führen konnten. Dadurch scheint er einen Ausweg aus dem Dickicht der synaptisch verschalteten Gewissheitsmuster zu markieren, indem er diesen Mustern nicht mit Argumenten, sondern mit tiefgehenden meditativen Übungen zu Leibe rückt.

Indem es den Beteiligten tatsächlich gelingt, in sich andere Emotions- und Assoziationsfelder als die, die in der spontanen Deutung emergieren, zu aktivieren und synaptisch zu verstärken, kann es auch wahrscheinlicher werden, dass eine neue Wirklichkeit auch im Außen in Erscheinung treten kann.

ÜBER DIE TRADITION

Das junge Paar war frisch verheiratet. Eines Tages beschloss die junge Frau, eine Lammkeule zu schmoren.

Bevor sie das Ganze in den Ofen schob, schnitt sie von der Keule das untere Stück ab und legte dann die zwei Teile nebeneinander in den Schmortopf.

Ihr Mann schaute ihr über die Schulter und fragte sie: »Warum machst du das?«

»Ich weiß nicht, aber meine Mutter machte das immer genau so«, war die Antwort.

Daraufhin fragte der Mann seine Schwiegermutter, warum sie das untere Stück der Keule abschnitt.

»Ich weiß nicht, aber meine Mutter machte das immer genau so«, antwortete die Schwiegermutter.

Die Großmutter war noch am Leben, und so ging der Mann zu ihr und fragte auch sie, warum sie den unteren Teil der Lammkeule vor dem Schmoren abschnitt.

Und die Großmutter antwortete: »Ach, das hat einen ganz einfachen Grund: Mein Schmortopf war damals so klein, dass der ganze Braten einfach nicht hineinpasste.«[22]

Meditation ist das Mittel der Wahl einer auf den selbstdisziplinierten Umgang mit den eigenen Formen der Wirklichkeitskonstruktion zielenden proaktiven Psychotherapie. Mithilfe der Meditation trainiert unser ansonsten schnell vor sich »hinplapperndes« (vgl. Dispenza 2016) Bewusstsein eine neue Form des disziplinierten Umgangs mit Wirklichkeit im Denken, Fühlen und Handeln. Es lernt dabei mehr und mehr,

- nicht den spontan auftauchenden Gefühlen und Gedanken zu folgen
- deren Infiltration in den eigenen Fokus zu bemerken und sie zu verabschieden

22 Verfügbar unter https://lichtkreis.at/gedankenwelten/weise-geschichten/über-die-tradition/ [12.12.2020].

- sich gezielt mit anderen – auch den zunächst unwahrscheinlich wirkenden – Gedanken und Gefühlen auseinanderzusetzen
- diese zumindest als weitere Möglichkeit im Inventar der Spontanassoziationen zu verankern und
- dadurch mehr und mehr in eine andere Routine des Denkens, Fühlens und Handelns zu gleiten.

Wem dies gelingt, der bekommt es mit einer anderen Wirklichkeit zu tun. Selbst wenn die äußeren Gegebenheiten sich nicht gewandelt haben, wirken diese in anderer Weise auf ihn, und seine geänderte Haltung bleibt auch nicht ohne Wirkung auf das Gegenüber. Diese Wechselwirkung versuchen u. a. die Forschungen zu den Spiegelneuronen zu erklären (vgl. Bauer 2005). Diese scheinen zu zeigen, dass unser Gegenüber »auf eine beobachtbare Handlung so (reagiert), als würde die Handlung selbst ausgeführt« (Reichart o. J., S. 1).

Aufgrund der Plastizität des Gehirns ergeben sich dadurch Veränderungsmöglichkeiten im Gegenüber, welche dieses durch das erwähnte Resonanzerleben selbst in sich auslöst. Diese sind kein Ergebnis von Intervention, eher von Induktion. Die *New York Times* schrieb zu diesen Untersuchungen:

> »*Die Kraft des positiven Denkens hat endlich wissenschaftliche Glaubwürdigkeit erhalten (...), die Entdeckung, dass unsere Gedanken die Struktur und Funktion unserer Gehirne – sogar bis ins hohe Alter – verändern können, ist der wichtigste Durchbruch in den Neurowissenschaften seit vier Jahren (...). Diese Forschungsergebnisse haben Auswirkungen auf alle Menschen, menschliche Kultur und menschliches Lernen*« *(zit. n. ebd.).*

Die Wirkungen der Spiegelneuronen und die Gehirnplastizität bilden gewissermaßen den naturwissenschaftlichen Hintergrund für die auch im Außen wirksame Selbstveränderung in der Meditation. Indem es uns gelingt, eine andere Haltung gegenüber uns selbst und der Welt spürbar zu leben, lösen wir auch ungewollt die entsprechenden Resonanzen im Gegenüber aus. Für das Gelingen dieser Selbsttransformation zu einem nachhaltig neuen Ichausdruck spricht die Plastizität unseres Gehirns. Wir sind nicht festgelegt. Zwar melden sich in uns immer wieder die weit in die Vergangenheit zurückreichenden Loyalitäten, Kränkungen und Entbehrungen zu Wort, aber wir müssen uns nicht bei diesen aufhalten. Es langt ein kurzer Blick hinter die Kulissen der Anfänge unserer Individuation. Diese sind, wie sie sind. Wir können ihnen verbunden bleiben, indem wir uns immer und immer wieder mit ihnen befassen, oder wir können sie hinter uns lassen, um ein neues synaptisches Ich zu erzeugen, dessen Spuren in unserer Emotion und Kognition mehr und mehr zu den Spontandeutungen und -impulsen werden können, die automatisch in neuen Situationen aktualisiert werden.

Meditation ist ein selbstbeobachtender Weg von den alten – spontanen – Ichzuständen zu möglichen neuen Formen des Ichs. Diesen Weg müssen wir wiederholt durchlaufen und das Gehen auf ihm üben. Dann können in uns auch andere – konstruktivere – Möglichkeitsräume für unser Gegenüber entstehen. Nicht nur wir verändern uns, sondern wir schaffen durch unsere Veränderung dem Gegenüber auch andere Möglichkeiten, in Erscheinung zu treten und in anderer Weise zu denken, zu fühlen und zu handeln – nicht im Sinne von Anpassung (an unsere Erwartungen), sondern im Sinne eines tastenden Vertrauens in die Möglichkeiten einer letztlich gelingenden Individuation (vgl. Stierlin 2010).

Meditation: »Ich bin bloß ein Beobachter!«

Vergiss nie: Dein Eindruck über den anderen und sein Verhalten ist Ausdruck deiner 80 %-Bewegung, (vgl. Tafel. 6, S. 60) aus der heraus du fühlst, deutest und reagierst. Wie es dir zu sein scheint, ist es nicht!

Rückblick:

1. Ich beobachte genau, wie ich Situationen und das Handeln anderer beobachte und wie schnell ich zu Schlussfolgerungen gelange.
2. Ich suche nach Belegsituationen in meinem Leben, die mir mein übliches Beobachterverhalten illustrieren.
3. Ich blicke voller Trauer auf meine typischen Kurzschlüsse, deren Folgen und entgangenen Möglichkeiten in meinem Leben.

Imagination eines neuen – alternativen – Ichs:

4. Ich übe die langsame und schweigend zurückgezogene Form der Beobachtung, die ohne Beurteilung auskommt.
5. Ich stelle mir vor, wie diese neuen Formen des Fühlens, Denkens und Handelns mich durchströmen und wie ich Situationen anders sehe, interpretiere und erlebe.

6. Ich verweile in dieser Vorstellung und spüre, wie die Situationen meines Alltags sich mir in einem neuen Licht zeigen (können).

Habitualisierung:

7. Ich verweile lange in der imaginativen Welt meines neuen Ichs und beobachte, wie die alten Formen des Beobachtens und Beurteilens mich immer wieder anspringen und meine Achtsamkeit zu einer alten Bewertung verführen wollen.
8. Ich beobachte dieses Geschehen verständnisvoll, lade meine alte und auch anmaßende Beobachtung aber immer wieder aus.
9. Ich lasse alle Bemühungen fallen und spüre, wie das Neue mich durchdringt – getragen und gestiftet von der Eingebundenheit in einen größeren Kontext, den ich nicht gestalten, sondern nur neu auf mich wirken lassen kann.
10. Ich entwickele ein innerliches Erinnerungsfoto an den Punkt, an dem ich deutlich spürte, dass ich das aktuelle mit anderen Augen zu sehen und zu durchspüren vermag.
11. Ich gehe durch die Tage und kehre immer wieder zu diesem Bild zurück

Tafel 12: Meditation »Ich bin bloß ein Beobachter!« (Arnold 2019a, S. 198 f.)

Wer diese 11 Schritte in einem meditativ-ruhigen Zustand spürend und imaginierend durchschreitet, kann nicht mehr vergessen, was sich in ihm ereignet hat. Er kann auch in alltäglichen Situationen oder auch in eskalierender Begegnung an den Erinnerungspunkt seines in anderer Weise – neu – beobachtenden Ichzustands anknüpfen und seine alten Bekannten verabschieden.

Man kann diese Art der Meditation auch dadurch vertiefen, dass man mit den alten Bekannten seiner Seele im Wald spazieren geht. An jeder dritten Weggabelung verabschieden wir in tiefer Meditation einen von ihnen mit einem würdigenden Satz (z. B. »Liebes Misstrauen, du hast mir wertvolle Dienste erwiesen, indem du darauf achtgegeben hast, dass ich nicht (wieder) betrogen werde. Dies ist jetzt nicht mehr nötig, da ich selbst darauf aufpassen werde. Und dabei werde ich dafür sorgen, dass mich mein Selbstvertrauen ständig begleitet und ich nicht auch dort voller Misstrauen bin, wo ich besonnener agieren könnte!«). In ähnlicher Weise verabschieden Sie sich auch von den anderen alten Bekannten, während Sie immer tiefer in den Wald schreiten.

Wenn Sie alle verabschiedet haben, machen Sie eine lange Pause und durchspüren, wie sich das Leben ohne deren Begleitung anfühlt. Rufen Sie sich nochmals alle Situationen in Ihrem Leben in Erinnerung, in denen einer der alten Bekannten die Regie geführt hat. Genießen Sie die neue Rolle als Regisseur Ihres eigenen Filmes. Dann wenden Sie sich in aller Ruhe der Rückkehr zu. Spüren Sie, welche neuen Begleiter (meistens das Gegenteil von Ihrem verabschiedeten alten Bekannten) sich zu Ihnen gesellen. Lernen Sie diese kennen, unterhalten Sie sich in Gedanken mit ihnen und spüren Sie deren Präsenz, während Sie schweigend nebeneinander gehen. Geben Sie diesen neuen Anteilen ein Gesicht – ein Bild, mit dessen Hilfe Sie deren Begleitung »abrufen« können, wenn sich Ihnen die alten Bekannten wieder aufdrängen wollen.

Diese Art von imaginierter Icharbeit ergänzt und vertieft die Meditation »Ich bin (auch) bloß ein Beobachter«. Sie scheint erschreckend einfach zu sein, und man mag sich fragen, ob das wirklich funktionieren kann, eine über viele Jahre andauernde Begleitung eines »bewährten«, aber auch »belastenden« Seelenbestandteils einfach zu verabschieden.

Umfühlen zu lernen ist schwer – zu unmittelbar ziehen uns unsere Eindrücke auf die Schienen der alten Emotionen. Diesen Effekt zu bemerken ist der erste Schritt der Kunst des Umfühlens: Wir bemerken die »Verstimmung« und hören abrupt auf, ihr zu erliegen. Vielmehr wechseln wir in eine Kurzmeditation und rufen in uns die vorbereiteten Bilder unserer neuen emotionalen Identität auf. Indem wir in diesen umhergehen, verblassen die alten Gefühle und es entsteht eine andere Beleuchtung des bedrängenden Außen.

Dies ist leichter gesagt als getan, aber es ist der einzige Weg, um mit den Mechanismen der Wahrnehmung adäquat umzugehen. Man überzeugt sich und andere nicht wirklich zu einem neuen Ich. Dieses muss vielmehr durchspürt und geübt werden. Erst durch den eigenen Eindruck, dass die neuen Formen der emotionalen Konstruktion unserer Wirklichkeit möglich und wirksam sind, öffnet sich unser Fühlen, Denken und Handeln gegenüber diesem Königsweg der Selbsttransformation. Der Weg zum neuen Ich (Dispenza 2017) ist eine Eigenbewegung; sie kann nur vom Ich selbst initiiert und durchschritten werden und verweigert sich in aller Regel interventionistischen Impulsen. Sie kann durch Therapeuten und Begleiter angebahnt und vorbereitet werden, muss aber vom Subjekt selbst Schritt für Schritt gestaltet werden.

Dabei sind anfangs die Rückfälle in die vertraute und vermeintlich »sichere« Welt der Gewohnheit unvermeidbar – zu erdrückend ist unser altes Ich in uns präsent. Dabei hilft bloß eine Selbstdisziplin, die sich zunächst formal einüben muss (feste Zeiten reservieren, Induktion üben etc.).

DER AXTDIEB

Ein Mann fand eines Tages seine Axt nicht mehr. Er suchte und suchte, aber sie blieb verschwunden. Er wurde ärgerlich und verdächtigte den Sohn seines Nachbarn, die Axt gestohlen zu haben.

Er beobachtete den Sohn seines Nachbarn ganz genau. Und tatsächlich: Der Gang des Jungen war der Gang eines Axtdiebes. Die Worte, die er sprach, waren die Worte eines Axtdiebes. Sein ganzes Wesen und sein Verhalten waren die eines Axtdiebes.

Am Abend fand der Mann die Axt unter einem großen Holzstapel.

Am nächsten Morgen sah er den Sohn seines Nachbars erneut. Sein Gang war nicht der eines Axtdiebes. Seine Worte waren nicht die eines Axtdiebes und auch sein Verhalten hatte nichts von einem Axtdieb.

(nach Lao Tse)[23]

---

23 Verfügbar unter www.engelbrecht-media.de/s_der_axtdieb.html [1.11.2020].

7 BEGLEITEN, NICHT BELEHREN: ES GEHT UM ANEIGNUNG UND DIE VERSCHRÄNKUNG VON PERSPEKTIVEN

Wie kann die Transformation von Perspektiven in der Führungskräfteentwicklung gelingen? Wann öffnen sich Erwachsene für neue Sichtweisen, die von ihnen ja auch verlangen, dass sie Teile von dem verändern, was sie ein Leben lang gewohnt waren? Wie gelingt disruptives Lernen bzw. Lernen in Veränderungsprozessen? Dies alles sind Fragen, welche die Erwachsenenbildungsforschung berühren.

Es gab und gibt Stimmen, die gerade in Anbetracht der komplexen Identitätsarbeit des Erwachsenseins die qualitativen Forschungen für das genuine Forschungsparadigma der Erwachsenenbildung halten. Denn sowohl bei der Bildung Erwachsener als auch bei der Nachzeichnung der dabei wirkenden Mechanismen gehe es um Verstehensförderung bzw. das Verstehen dieses Verstehens. Dieser Fokus auf eine prinzipiell unverfügbare Subjektivität des Erwachsenen, die kaum berechenbar, aber voller – auch für die gesellschaftliche Emanzipation nutzbarer – Potenziale steckt, ist der grundlegende Fokus der Erwachsenenbildungstheorien der 1970er- und 1980er-Jahre. Damit einher geht eine gewisse Zurückhaltung gegenüber einer Vermessung des Erwachsenen, wie sie kritisch in der Logik der empirischen Bildungsforschung erkannt wird.

Das Proprium einer erziehungswissenschaftlichen Erwachsenenbildungsforschung ist somit der Blick auf das eigensinnige und potenzialreiche – agile – Subjekt.

Die Theorieentwicklung der Erwachsenenbildung lässt sich in zwei große Bewegungen unterteilen: Zum einen ist dies eine Phase der Outside-in-Professionalität (1970–1995), in der sich die Erwachsenenbildung als eine Art Lehr- und Begleitungs- sowie Beratungswissenschaft für Erwachsene zu profilieren suchte, und zum anderen in eine Phase der Inside-out- Professionalität (1995–2015), in der eine konstruktivistische Erwachsenenbildung den Deutungsmusteransatz radikalisierte und zu einer systemischen Neuinterpretation der Mechanismen und Möglichkeiten einer gelingenden Bildung Erwachsener voranschritt. Erst in Umrissen zeichnet sich seitdem eine epistemologisch-reflexive weitere Phase der Entwicklung ab, in der das lebenslange Selbstlernen und die Veränderung (anderer sowie von Organisationen und Gesellschaft) in das nüchterne Licht der Beobachtertheorien sowie der Hirn-, Emotions- und Veränderungsforschungen (vgl. Roth 2001; 2007; 2011; Spitzer 2007) gerückt wird. Erwachsenenbildung wird dabei als Selbstveränderung (der Professionals und Lernenden, aber auch der wissenschaftlichen Beobachter) theoretisch neu durchdrungen (vgl. u. a. Siebert 2016), wobei Türen zu einer wirksameren Gestaltung lebenslanger Lern- und Entwicklungsprozesse aufgestoßen werden, die bislang nur angelehnt waren.

Outside-in-Theorien gelingender Erwachsenenbildung

Die im Folgenden aufgeführten Theoriefragmente gehen sämtlich von der Vorstellung aus, Aufklärungs- und Lernprozesse sowie Identitätsentwicklung könne von außen durch professionelle Vermittlung, Begleitung oder Beratung intentional einigermaßen wirkungssicher gestaltet werden. Die von 1970 bis 1995 erarbeiteten Einsichten sind deshalb zumeist von einem Bias der Lehrorientierung durchdrungen; erwachsenendidaktische Professionalität wird als eine expertenschaftliche Form der Initiierung, Präsentation und letztlich durchaus auch subjekt- und lebensweltsensible Form der Intervention verstanden (vgl. Tietgens 1992). Postinterventionistische Formen der Erwachsenenbildung werden zwar vorbereitet, aber nicht zu Ende geführt.

Es bleibt eine eigenartige Selbstwidersprüchlichkeit der Konzepte, weshalb ich die im Folgenden referierten Theoriefragmente aus dieser Phase auch als Erwachsenenbildungstheorien erster Ordnung bezeichne.

Diese Theorien erster Ordnung sind:

- Emanzipation (erster Ordnung)
- Identität (erster Ordnung)
- Lernen (erster Ordnung)

Emanzipation (erster Ordnung)

Die frühen Jahre der erziehungswissenschaftlichen Erwachsenenbildungsforschung führten zu Theorien aus dem »Protestsystem«, wie Jochen Kade (Frankfurt) diese Studien charakterisierte (Kade et al. 2007). Es ging um Entwürfe einer emanzipatorischen Erwachsenenbildung, d. h. um die Frage, ob und inwieweit die Aufklärung und Emanzipation der Arbeiter und »Bildungsverlierer«, wie man heute sagen würde, durch Angebote der öffentlichen Erwachsenenbildung sowie insbesondere der Arbeiterbildung und der gewerkschaftlichen Bildungsangebote gefördert werden könnten. Dabei setzte man auch die Weiterbildungsangebote der Betriebe einem generellen Ideologieverdacht aus und sorgte für eine Wiederauflage der humboldtschen Bildungstheorie, der zufolge alle zweckorientierten Bildungsangebote (wie insbesondere im Bereich der Berufsbildung) keine Bildungswirkungen haben können. Den meisten Emanzipationisten war dieses verquere Festhalten an einer bildungsbürgerlichen Ausschlusstheorie allerdings nicht bewusst. Der Protest gegen den Kapitalismus trug dazu bei, dass sich der größte Weiterbildungsbereich – die betriebliche Weiterbildung – bis in die 1990er-Jahre hinein theorielos entwickelte: Er war nicht »zunftgemäß«. Man fand allenfalls euphorische Konzepte der Arbeitgeberverbände zum Thema »Weiterbildung als Standortvorteil und Entwicklungsimpuls« oder ideologiekritische Arbeiten, in denen auf die loyalitätssichernde Funktion der Bildungsangebote von Betrieben verwiesen wurde. Bis zum heutigen Tag findet dieses Theoriefragment – man sollte eher von einer Ideologie sprechen – von der generellen Unversöhnlichkeit von Bildung und Ökonomie seine Anhänger in einer verbliebenen emanzipatorischen Provinz. Diesen ist das »Ende der emanzipatorischen Erwachsenenbildung« entgangen, welches Jochen Kade Ende der 1990er ausgerufen hat, um die erwachsenenpädagogische Theoriebildung – endgültig – aus dem Protestsystem heraus in das System und in den Kontext einer evidenzbasierten Forschung zu überführen.

Ergebnis: Die Erklärung dessen, was Erwachsensein und Erwachsenwerden in einer modernen Gesellschaft »meinen« und sein wollen, kann nicht – länger – aus überlieferten (sowie normativ aufgeladenen) Konzepten zur Systemüberwindung durch Aufklärung bzw. Emanzipation angemessen erklärt werden; es bedarf vielmehr empirisch unterfütterter nüchterner Erklärungen zur Funktion des Erwachsenenlernens für die biografische Entfaltung einerseits und die gesellschaftliche Entwicklung andererseits.

Identität (erster Ordnung)

Seit den späten 1980er-Jahren wurden die Prozesse des Erwachsenwerdens verstärkt als Suchbewegungen eines lebenslangen »Kampfes« um Identitätssicherung und Identitätserhalt interpretiert. Man griff bei dieser Identitätswende ebenso auf die frühen Arbeiten von George Herbert Mead (1863–1931), Erving Goffman (1922–1982) oder Erik H. Erikson (1902–1994) (vgl. Erikson 1980.) Das Selbst des Erwachsenen wurde dabei als das Resultat einer ständigen Gleichzeitigkeit der Bemühungen verstanden, biografische Kontinuität sowie eine aktuelle Positionierung in den sich verändernden jeweiligen Bezugsgruppenkonstellationen zu balancieren. Die Rede war von einer Identitätsbalance zwischen personaler und sozialer Identität, wie Jürgen Habermas dies in Abgrenzung von der bis dato gängigen soziologischen Rollentheorie darlegte (Habermas 1981).

Für die Erwachsenenbildung ergaben sich aus dieser Identitätsorientierung differenziertere Zugänge zu den Erwartungshaltungen, Motiven und Nutzungsformen ihrer Angebote (vgl. Kade 1989). Man bemühte sich, die Lebenswelt der Teilnehmenden detaillierter zu verstehen und die Angebote zur Erwachsenenbildung als Räume und Gelegenheiten einer auf diese Lebenswelt bezogenen Erkenntnisbewegung substanziell neu zu begründen. Dafür nahm man die jeweiligen Identitätsbeschreibungen der Lernenden zum Ausgangspunkt, die man in didaktischen Lebensweltanalysen zunächst erfragte, zu Typologien unterschiedlicher Nutzungsformen vorgehaltener Angebote verdichtete und sich um eine Didaktik vom anderen her bemühte. Dies war die Zeit einer Subjektorientierung, die zwar den Lernenden zum Ausgangspunkt nahm, diesen aber noch nicht zum eigentlichen »Owner« seiner Lernprozesse werden ließ. Teilnehmerorientierung – das Schlagwort dieser Phase – überließ die Initiative immer noch den Professionals, die zwar subjektorientierter, erfahrungsbezogener und wertschätzend agieren sollten, aber doch als die eigentlichen Verantwortlichen für das Gelingen des Lernens anderer die entscheidende Verantwortung behielten (vgl. Gieseke 1994). Gleichwohl: Die Tür zu einer Outcome-orientierten, auch das informelle sowie selbstgesteuerte Lernen in seiner emotionalen Tiefenverankerung »würdigenden« Lernorganisation war durch diese theoretische Wende zwar aufgestoßen, aber noch nicht tatsächlich geöffnet.

Ergebnis: Die wohl entscheidende Einsicht dieser identitäts-, lebenswelt- oder subjektorientierten Wende der Erwachsenenbildungstheorie war, dass sich das Lernen Erwachsener substanziell bloß aus den biografisch geprägten Vorstrukturen und Relevanzen der Lernenden heraus verstehen lässt (vgl. Siebert 2014). Die von Erwachsenen ausgeprägten Kompetenzen folgen mehr einer erfolgreichen Eigenbewegung in der Auseinandersetzung mit Angeboten und Möglichkeiten als den noch so gut gemeinten und liebevoll didaktisierten Lernarrangements der Professionals. Die Zuständigkeitsfrage für das Lernen war noch nicht eindeutig zugeordnet, obgleich bereits 1993 Klaus Holzkamp entschlossen Lernen als Bearbeitung eigener (!) Lernprojekte begründet hatte (Holzkamp 1993) – ein Ansatz, der durchaus aufgegriffen, aber im Blick der latenten Interventionsillusion genutzt wurde.

Lernen (erster Ordnung)

Auch die Erwachsenendidaktik entwickelte sich zunächst als Vermittlungswissenschaft, weniger als Subjekttheorie, obgleich es bereits in dieser Phase Veröffentlichungen gab, welche die Verschränkung zwischen subjektiver Aneignung und lehrender Vermittlung zu integrieren versuchten (vgl. Tietgens 1992). Lernen wurde kaum aus seiner Umklammerung durch die Lehre gelöst, und selbst die erfahrungsorientierten Ansätze zum Lernen Erwachsener hatten die Wirkungen eines Inputs (z. B. Aufklärung und Fortbildung) im Blick und erreichten kaum die subtileren Ebenen einer situativen Professionalität, die sich auch von den letztlich anmaßenden Wirkungen der lerntypologischen Festlegungen zu befreien wusste.

Man suchte nach den Formen eines erwachsenengemäßen Lehrens, und auch die didaktischen Konzepte folgten noch vielfach den durch die Schulpädagogik und die Curriculumforschung geprägten inneren Bilder – allen Warnungen vor einer Verschulung des Erwachsenenlernens zum Trotz.

Ergebnis: Das Lernen Erwachsener wurde auch in der Erwachsenenbildung zunächst unter der Perspektive der Lehrenden, und vor dem Hintergrund der erfolgreichen Vermittlung eines als »notwendig« erachteten Wissens und Könnens, erwachsenendidaktisch beobachtet. Man wusste zwar, dass Lernprozesse an die Erfahrungshintergründe der Teilnehmenden anschließen sollten, maß den Lernenden aber meist keine aktivere – und schon gar nicht eine partizipative Rolle bei der Inhaltskonstitution oder Lernprozessgestaltung zu. Die vielzitierte Teilnehmerorientierung reduzierte sich nicht selten auf eine Zielgruppenerschließung, um diese dann zu vorgegebenen Zielen zu (ver)führen. Lernen blieb so in weiten Bereichen der Erwachsenenbildung eine nachvollziehende Bewegung der Lernenden, keine selbstorganisierte (Illeris 2010; Jarvis 1995).

NICHT ALLES AUF EINMAL

Der Mullah, ein Prediger, kam in einen Saal, um zu sprechen. Der Saal war leer, bis auf einen jungen Stallmeister, der in der letzten Reihe saß. Der Mullah überlegte sich: »Soll ich sprechen oder es lieber bleiben lassen?«

Schließlich fragte er den Stallmeister: »Es ist niemand außer dir da, soll ich deiner Meinung nach sprechen oder nicht?«

Der Stallmeister antwortete: »Herr, ich bin nur ein einfacher Mann, davon verstehe ich nichts. Aber wenn ich in einen Stall komme und sehe, dass alle Pferde weggelaufen sind und nur ein einziges dageblieben ist, werde ich es trotzdem füttern.«

Der Mullah nahm sich das zu Herzen und begann seine Predigt. Er sprach über zwei Stunden lang. Danach fühlte er sich sehr erleichtert und glücklich und wollte durch den Zuhörer bestätigt wissen, wie gut seine Rede war.

Er fragte: »Wie hat Dir meine Predigt gefallen?«

Der Stallmeister antwortete: »Ich habe bereits gesagt, dass ich nur ein einfacher Mann bin und von so etwas nicht viel verstehe. Aber wenn ich in einen Stall komme und sehe, dass alle Pferde außer einem weggelaufen sind, werde ich es trotzdem füttern. Ich würde ihm aber nicht das ganze Futter geben, das für alle Pferde gedacht war.«

(Peseschkian 1979)

Inside-out-Theorien gelingender Erwachsenenbildung

Vor dem Hintergrund zahlreicher Arbeiten aus der Hirnforschung zum Thema Lernen Persönlichkeitsentwicklung (u. a. Hüther 2016) sowie im Kontext der europäischen Kompetenzwende veränderten sich die dargestellten Outside-in-Theorien der Erwachsenenbildung teilweise grundlegend, und auch neue Sicht- und Erklärungsweisen konnten im Kontext der konstruktivistischen Wende Raum gewinnen. Diese grundlegenden Veränderungen sollen im Folgenden ebenfalls am Beispiel der ausgewählten Theoriebereiche dargestellt werden, wobei deutlich wird, dass es nicht um die Frage geht, wie erfolgreich man in die Köpfe und Herzen der Lernenden intervenieren kann; es geht vielmehr um die Frage, wie man an deren Strukturbesonderheiten anschließen und diese erfolgreich transformieren kann.

Ungleichschrittigkeit

»Wenn ein Mensch nicht im selben Takt geht wie alle anderen, beruht das vielleicht darauf, dass er einen anderen Trommler hört. Lass ihn wandern im Takt der Musik, die er hört.«

(Henry David Thoreau; zit. nach Reftel 2015, S. 115)

Die Theorien, die diesen veränderten – ungleichschrittigen – Blick auf das Lernen und dessen Begleitung ausdrücken, sind Theorien zweiter Ordnung.

Emanzipation (zweiter Ordnung)

Das Ende der emanzipatorischen Erwachsenenbildung war keineswegs das Ende der Bemühungen, lernende Erwachsene zu einem kritisch-reflexiven Bewusstsein von sich selbst und zu Vorstellungen einer anderen – autonomeren – Lebenspraxis zu führen. Man löste sich in den 1980er-Jahren gleichwohl mehr und mehr von einem Aufklärungsimpetus, der letztlich davon ausging, eine solche Transformation des eigenen Denkens, Fühlens und Handelns sei eine quasiautomatische Folge vernünftiger Denk- und Argumentationsformen. »Erwachsene sind lernfähig, aber unbelehrbar!« schrieb Horst Siebert (Siebert 2014; Arnold u. Siebert 2004). Die in der Mitte der 1990er-Jahre entstandene Kompetenzforschung ergänzte den Satz »Man kann viel wissen und nichts können!« (Arnold u. Erpenbeck 2014). Die erziehungswissenschaftliche Lern- und Kompetenzforschung begann, sich stärker für die selbstgesteuerten und informellen Lernprozesse Erwachsener zu interessieren, die es – oft übersehen – mit sich bringen, dass Erwachsene über Kompetenzen verfügen, die sie eigentlich gar nicht haben »dürften«. Viel zitiert wurden in diesem Zusammenhang die wegweisenden Untersuchungen von Livingston und Kollegen, die in ihren empirischen Studien herausgefunden hatten, dass Erwachsene ihre Kompetenzen zu 80 % außerhalb von Bildungsinstitutionen erwerben (vgl. Livingstone 1999), und auch die Hirnforschung gelangte zu der Einschätzung, dass der Mensch letztlich das »lernende Tier« sei, welches seinen evolutionären Vorsprung dem Alleinstellungsmerkmal seiner Lernfähigkeit verdanke, die er im Leben, d. h. im informellen Umgang mit alltäglichen Anforderungen im familialen Umfeld, am Arbeitsplatz oder in Lebenswelt und Gesellschaft erwirbt – häufig aber gerade nicht dann, wenn dies von ihm erwartet werde (Hüther 2016). Der Hirnforscher Spitzer gar glaubte, dem Mechanismus auf die Spur gekommen zu sein, dass Schülerhirne in der Schule nicht die Kompetenz entwickelten zu lernen, sondern vielmehr ihre Lernfähigkeit in einen Sleepmodus zu versetzen, nur um sofort nach Schulschluss wieder voll anzuspringen (Spitzer 2007).

Der Emanzipationsanspruch fand sich deshalb in Bemühungen wieder, Menschen dabei zu helfen, dass sie von ihrer Lernfähigkeit Gebrauch machen. »Selbstlernkompetenzen« gerieten in den Fokus, und man erkannte, dass Gehirne als autopoietisch geschlossene Systeme selbst darüber entscheiden, ob und was sie lernen bzw. sich aneignen und anverwandeln wollen. Diesem Sachverhalt Rechnung zu tragen erforderte eine Art Schubumkehr des erwachsenenpädagogischen Denkens

- von der Vermittlung zur Aneignung
- von der Assimilation (vorgegebener Muster der Problemlösung) zur Akkommodation, (Veränderung, wenn nicht Bruch bisheriger Muster) (vgl. Piaget 1981)
- vom Nachvollzug zur eigenen Konstruktion

- vom Wissen zur Kompetenz
- vom Lehren zum Lernen und
- vom Lehrenden zur Lernbegleitung.

Emanzipation trat somit als eine Art Empowerment bzw. eine Rücküber-eignung einer human bereits konstitutiven menschlichen Fähigkeit auf den Plan; die Theoriebildung widmete sich der Paradoxie, wie man Lernende in ihrer Lernfähigkeit stärken könne, indem man Lernarrangement oder gar Lernlandschaften so gestaltete, dass selbstorganisierte Aneignungsprozesse sich ereignen könnten – wissend, dass die Gehirne der Lernenden selbst entscheiden, worauf sie anspringen. Auch die betrieblichen Weiterbildungsangebote wurden einer ideologiefreien Beobachtung zugänglich gemacht, wobei mancher Erwachsenenbildungsforscher erstaunt erkennen musste, dass deren didaktische Praxis enger mit dem hier beschriebenen Emanzipationsanliegen verbunden sind, als es die Skeptiker der Theorien erster Ordnung unterstellten.

Ergebnis: Emanzipation ist nicht mehr nur als gesellschaftspolitisches Anliegen Thema der Erwachsenenbildung und ihrer Forschung. In einer reflexiven Wendung wird sie vielmehr als Selbstentwicklung und Selbstbefreiung aus belehrenden Anpassungsbemühungen heraus verstanden. Das informelle Lernen – als der humane Normalzustand des menschlichen Lernens – wird zum Ausgangspunkt einer neuen Erwachsenenbildung jenseits der ausschließlichen Institutionalisierungs- und Professionalisierungs-Bewegungen (vgl. Rohs 2016). Diese waren dereinst fortschrittlich, entwickelten sich jedoch auch häufig zu Räumen einer behütenden und nicht selten belehrenden und bevormundenden Lernkultur (vgl. Arnold 2017a). Sie hielt zudem an einem Versammlungszwang fest, der sich gerade in Zeiten der Entgrenzungen durch eLearning und eTeaching als unnötig erwies, während die Beschaffenheit der Seminarräume so manchen Bildungsträgers wahrhafte Begegnung und individualisierte situierte Lernbegleitungen ausschließen.

Identität (zweiter Ordnung)

Die Bemühungen um das Selbst, seine Sicherung, Stärkung und Förderung haben zurückliegende Formen einer erwachsenenpädagogischen Identitätsarbeit teilweise auf neue Beine gestellt. Dabei war es nicht in erster Linie eine erwachsenenpädagogische Psychologie, sondern vielmehr die Hirnforschung (vgl. LeDoux 2003), welche auch die Erwachsenenbildung nachdrücklich in ihre Schranken verwies und manche ihrer Leitbegriffe, wie z. B. Identität bzw. Persönlichkeit, neu justierte. Entscheidende Impulse gingen dabei aber auch von der Emotionsforschung namhafter Hirnforscher aus, wie LeDoux mit seinem Konzept eines »synaptischen Selbst« oder Ciompi (1997) mit seiner »Affektlogik«, da sie zeigten, dass Menschen zwar keine Herren im eigenen Haus seien, man aber auch die Ausdrucksformen seiner impulshaft Gewissheit stiftenden Emotionsmuster selbst verstehen, reflektieren und verändern könne. Erwachsenenbildung wird dadurch zu einer Veränderungspraxis der Persönlichkeit. Dabei öffnet sich die Identitätsarbeit erster Ordnung gegenüber einer proaktiven Strategie, die letztlich nicht – rückblickend – die Gewordenheit des Einzelnen, sondern – proaktiv – die Möglichkeiten seines Seins in den Blick rücken.

Selbstlerntrainings sowie selbstorganisierte Lernformen gewinnen an Bedeutung. Eine solche Erwachsenenbildung begleitet die Lernenden nicht mit Konzepten eines »Learning from the past« (Scharmer 2009b), sondern stärkt sie in ihren Fähigkeiten, sich gegenüber der Welt der Möglichkeiten zu öffnen und deren Gestaltung proaktiv in den Fokus zu rücken. Ihr Slogan ist nicht »Du musst dein Leben ändern« (Sloterdijk 2009), sondern: »Du kannst dein Leben ändern! Hierbei geben wir dir einen Rahmen und eine Begleitung, mit deren Hilfe du dich – deine Identität und deine Kompetenz – selbst verändern kannst!« Entsprechende Theorien der Erwachsenenbildung schließen an der systemischen Veränderungsforschung an (vgl. Senge et al. 2008) – wissend, dass jede Veränderung, auch die Identitäts- und Kompetenzentwicklung, eine Selbstveränderung ist (vgl. Willke 1987).

Ergebnis: Die Erwachsenenbildungstheorien dieser Epoche (1995–2015) folgen einem systemisch-konstruktivistischen Paradigma, demzufolge Interventionen nicht möglich sind, weil jede Veränderung eines Systems (Kognition und Emotion werden dabei als relativ geschlossene autopoietische Systeme verstanden und beschrieben) eine Selbstveränderung darstellt. Diese kann angeregt, ermöglicht und begleitet, aber in ihren Wirkungen nicht gewährleistet werden (vgl. Arnold 2012; 2017a). Gleichwohl lassen sich die inneren Wirkungszusammenhänge beobachten und ertasten; die Wirkungswahrscheinlichkeiten können mit resonanten Formen erhöht werden (vgl. Rosa 2016). Eine solche systemische Erwachsenenbildung ist outcome-orientiert, d. h. wirkungsbeobachtend und resonanznutzend (vgl. Arnold 2013). Sie hat begonnen, die Interventionshoffnungen sowie linear-mechanistische Instruktionsformen hinter sich zu lassen und Verantwortung für die Kompetenzwirkungen zu übernehmen. Ihre Antwort ist individuelle Resonanz und Vielfalt gegenüber Resonanzlosigkeit und Einfalt (für alle dasselbe Curriculum), sowie die Konzentration auf die Klarheit der Inhalte (z. B. in Modulhandbüchern).

Lernen (zweiter Ordnung)

Die Erwachsenendidaktik zweiter Ordnung zielt nicht auf das Lernen von Wissen, sondern fokussiert auf das Lernen des Lernens selbst. Ihre grundlegenden Fragen richten sich auf die Lernroutinen, Lernstrategien und Selbstlernkompetenzen der Lernenden, die so sind, wie sie sind – häufig lernentwöhnt durch jahrelange Belehrungen. Sie sieht die Selbstlernkompetenzen als selbstschärfende Kompetenzen an, die den einzelnen Lernenden erst dazu befähigen, sich mehr und mehr die benötigten Wissensbestandteile zur Sachverhaltsklärung zu erarbeiten, die Aneignung und den Transfer in die eigene Lebenswelt selbst zu üben und dadurch mehr und mehr zum eigentlichen »Owner« seiner Kompetenzkarriere zu werden. Lernen zweiter Ordnung ist Vorbereitung und Realisierung informellen und selbstorganisierten sowie kompetenzbildenden Lernens, das die sich verbreiternde Zugänglichkeit von Wissen (im Internet oder durch Selbstlernangebote wie Fernstudium oder angeleitetes Selbststudium) zu nutzen weiß und in der Lage ist, die eigene Kompetenzkarriere selbst zu gestalten. Begegnung, Beratung und Begleitung »entlehren« sich; Erwachsenenbildnerinnen und -bildner professionalisieren sich zu Lernbegleitern, die auch über die Kompetenz verfügen, keinen Rat zu geben, sondern auf die klärende Suchbewegung des Lernenden zu vertrauen.

Lernen zweiter Ordnung ist selbstorganisierte Kompetenzentwicklung. Für diese ist es grundlegend, dass Wissen allein keine Kompetenzen stiftet, sondern vielmehr einer Emotionalisierung des Wissens durch

Selbstwirksamkeitserleben bedarf. Gesellschaftliche Anforderungen und Standardisierungen finden ihren Ausdruck ausschließlich in Kompetenzprofilen, während Inhaltskataloge obsolet werden. Diese Kompetenzprofile beschreiben dezidiert, welche Fähigkeiten sowie welche Haltung für ein erfolgreiches Absolvieren eines selbstorganisierten Programms von dem Lernenden erwartet werden. Dieses zu ermöglichen, dass man nichtintervenierend gestaltet und durch Zutrauen, Ermutigung und Wertschätzung begleitet, ist die Aufgabe einer zeitgemäßen Erwachsenenbildung, wie sie derzeit in Forschung und Theoriebildung aufscheint. Wichtige Veränderungsanliegen (für Erwachsenenbildungsträger) sind dabei:

- vom Input zu Outcome
- vom Wissen zum Können
- vom Programm zum Kompetenzprofil
- von der Versammlung zum individualisierten – selbstorganisierten – Lernen
- vom Lehren zur resonanten Lernbegleitung
- von den Zugangsvoraussetzungen zum »recognition of prior learning« durch Kompetenz-Checks und
- vom Erwachsen zum lebenslangen Lernen

> Ergebnis: Das Lernen Erwachsener wird neu gedacht. Die Lehre rückt an den Rand, während die kompetenzbildende Wirkung eines weitgehend selbstorganisierten Lernens in den Fokus rückt (vgl. Arnold 2017a). Lernen bewegt sich in diesem Verständnis vom Beherrschen des Wissens zu einer ganzheitlichen Bewegung hin zur Haltungs- und Persönlichkeitsbildung, deren Kern die Fähigkeit zur Neuorientierung, Selbstveränderung und Eigenverantwortung (im Lernprozess) darstellt. Gleichzeitig wird die Kompetenzentwicklung in emotionalisierte Transformationsbewegungen eingebettet, deren Zugänglichkeit, Passung und Resonanzpotenzial von den Professionals ermöglicht werden soll. Die moderne Erwachsenendidaktik wird dabei zu einer Didaktik der Kompetenzentwicklung – kurz: zur Ermöglichungsdidaktik (vgl. Arnold u. Schön 2019).

Am Horizont: Die epistemologisch-reflexive Entwicklung

Die systemisch-konstruktivistische sowie kompetenzorientierte Erwachsenenbildung scheinen vor einer weiteren Wende zu stehen: Dies ist die Welt eines schubumkehrenden Beobachtens und Denkens. Deren Elemente können hier abschließend nur genannt und kommentiert, aber noch nicht in ihren Theorieelementen detailliert ausgelotet werden:

- Es geht um eine Neufassung und Zentralisierung des Lernbegriffs. Erwachsenenbildungs-Institutionen müssen das Lernen neu denken. Lernen ist kein Nachvollzug, wohl aber Aneignung und Aufbruch. Es geht nicht bloß um die Anpassung an Erklärungsmuster, sondern auch um deren »Brechung«, um neue Muster der Deutung Wirklichkeit werden zu lassen. Diese Fähigkeiten zur Wissenskonstruktion einzuüben und Akkommodationskompetenzen zu stärken stellt sich immer deutlicher als der eigentliche Kern eines auf Veränderung vorbereitenden und Veränderung gestaltenden lebenslangen Lernens dar.
- Erwachsenenbildung ist Kompetenz- und Identitätsbildung. Sie zielt auf eine umfassende Persönlichkeitsentwicklung der Lernenden. Es genügt nämlich schon längst nicht mehr, irgendeine Technik oder Spezialisierung zu erlernen, vielmehr geht es auch um die Einübung der aktiven Nutzung, Abwandlung und Folgenabschätzung der Anwendung fortgeschrittener Formen der Problemlösung und der Selbstveränderung. Es geht dabei um die Selbstwirksamkeit als Kern jeglicher Haltungs- und Kompetenzentwicklung.
- Erwachsenenbildungsorganisationen müssen selbst zu Kompetenzzentren des Umgangs mit Wirklichkeitskonstruktionen werden. Dafür benötigen sie Experten des Nichtwissens, d. h. Professionals, die zwar eine ganze Menge von Identitäts-, Persönlichkeits- sowie Kompetenzentwicklung verstehen, dieses Wissen aber aussetzen können, um nicht vorschnelle Diagnosen (z. B. über Lerntypen) zu treffen oder gar mit eigenen Erklärungen vorzeitig hinzuzuspringen und so das notwendige Emotionalisierungsmoment »I did it!« zu enteignen! Offenen Vorgehensweisen mit den biografisch verankerten Strukturbesonderheiten des Umgangs mit sich selbst und der Welt sind auch geeignet, in Phasen des rasanten Wandels der üblichen Subjektivierungsformen Zugänge und

das Verstehen von Lernbewegungen zu ermöglichen – wissend, dass sich in diesen auch anderes zeigt als das, was man selbst als gültig erlebt und in sich als unverrückbares Bild gespeichert hat. Es geht um das »Erkennen des Erkennens« (Maturana 2001).

Die Grundlage: Schubumkehr der wissenschaftlichen Beobachtung

Zeitgemäße Erwachsenenbildungsforschung ist gehalten, sich an den aktuellen gesellschaftlichen Wandlungsprozessen des Subjektiven bzw. der Identität und des Lebenslaufs zu orientieren, statt diese durch den Rückspiegel aus der Vergangenheit heraus zu beobachten. Angesichts dieser unübersehbaren Wandlungsprozesse entstanden z. B. bereits in der Soziologie der »reflexiven Moderne« (vgl. Beck 1986) Versuche, neue Formen der denkerischen und operativen Handhabung zu entwickeln, welche gewissermaßen den Wandel selbst zum tragenden Referenzpunkt der Subjektivierung stilisierten – getreu dem Motto: »Das einzig Beständige ist die Unbeständigkeit.« Als neues Leitbild entstand deshalb u. a. das Bild vom »flexible man« (Sennett 1998), welches aber – wie bereits dargelegt – zu stark auf die Verfügbarkeit des Subjekts für beliebige Indienstnahmen setzte und damit zu einem längst versunkenen Konzept der letztlichen Unterworfenheit des Einzelnen in seiner Subjektivierung zurückkehrte. Deshalb wurde in den Bildungsdebatten dieses Bild zum »reflexible man« erweitert:

> » *Dieser weiß um die selbsterfüllende Kraft seiner Gewohnheiten und der eigenen Traditions- sowie Routineverhaftung. Er ist sich der Tatsache bewusst, dass diese ihn immer wieder dazu verführen, an seinen Gewissheiten festzuhalten und sich die Zukunft auf der Basis der eigenen Erfahrungen zu konstruieren, wodurch er dazu beiträgt, dass auch die Zukunft mehr oder weniger so wird, wie die Vergangenheit bereits gewesen ist. Der ›reflexible man‹ ist deshalb nicht bloß flexibel, sondern auch um Reflexion bemüht. Er weiß, dass er seine Welt bloß verändern kann, wenn es ihm gelingt, sich selbst zu verändern. Indem er lernt, die Gegebenheiten weniger rasch zu beurteilen, öffnet er sich auch dem Fremden, Unbekannten und vielleicht bereits Verworfenen gegenüber. Er vergleicht wertschätzend, wo er früher durch Beurteilungen Eindeutigkeiten herstellte. Dadurch*

schaffte er zumindest die Voraussetzungen dafür, dass sich ihm die Wirklichkeit in anderer Weise – als andere Wirklichkeit – zu zeigen vermag. Damit erreicht der ›reflexible man‹ eine Flexibilität eigener Art. Diese verdankt sich seiner Eigendrehung, keiner bloßen Anpassung an vermeintlich oder tatsächlich Gegebenes. Und diese Eigendrehung ist Ausdruck der Lernfähigkeit, die er als Potenzial in sich trägt « (Arnold 2017a, S. 14).

Nur in einer solchen Bewegung können wir dem, was uns aus der Tiefe heraus mitbestimmt und orientiert, wirklich näherkommen. Dabei geht es nicht darum, sich in einfachen Ursachenerklärungen gemäß den Sozialisationskonzepten der Erwachsenenbildung aus den 1980er-Jahren zu ergehen. Vielmehr ist es das Ziel einer solchen Rückbesinnung auf das zutiefst subjektive Moment des Erwachsenwerdens, sich zu dem jeweiligen Quellcode seiner eigenen Prägungen und seiner eingeschliffenen und bevorzugten Beobachtungsformen vorzutasten, um sodann – auch und gerade als ein um Theoriebildung bemühter Wissenschaftler – Möglichkeiten zu üben, sich des Alten bzw. der alten Wahrnehmung gezielt zu entwöhnen, um neue Evidenzen überhaupt aufscheinen zu lassen (vgl. Arnold 2018a).

Dabei werden wir fündig, wenn uns der Doppelschritt einer *Reifung durch ein selbsteinschließendes Tiefenverstehen* wirklich gelingt. Dieser Doppelschritt umfasst die beiden Bewegungen:

- »*Meine Gewissheit ist nicht deine Gewissheit!*« Sie ist vielmehr Ergebnis und Ausdruck meiner Lebensbewegung. In dieser wurden mir Erklärungen eingeflüstert, die sich tief *in* mir zum tragenden Fundament meines Selbst und meines Ausdrucks verdichteten. Ich bin so, wie ich habe werden können! Diese Basis meines Selbst kann ich nicht ganz aufgeben, ohne mich zu verlieren, weshalb etwas in mir dazu neigt, mich immer wieder in Situationen zu begeben, die ich ähnlich spüren kann, um mich »sicher« zu fühlen. Aber indem mir diese Zusammenhänge deutlich werden, öffne ich mich gegenüber der grundlegenden Einsicht, dass die Welt nicht bloß so ist, wie ich sie spüre und verstehe. »Es könnte auch ganz anders sein!« – dieser Satz ist der Schlüssel, der mir den Zugang zu meiner inneren und auch äußeren Vielfalt öffnet.
- »*Ich darf auch anders (sein)!*« Nur wir selbst können uns dazu einladen, neue Ausdrucksformen von uns selbst als Erwachsene zum Leben zu

erwecken, indem wir in uns hineinlauschen und auch unsere Umgebung mit ihren eigentlichen Möglichkeiten achtsamer zu spüren beginnen. »Muss ich zu dem Stellung nehmen, was mir da gerade der Fall zu sein scheint? Inwieweit würde mich diese Stellungnahme festlegen und mir ein anderes Erleben dieser Situation verstellen? Könnte ich experimentell mit dieser Äußerung, Situation oder Stimmung umgehen?« Diese Fragen rücken eine Vielfalt anderer Formen des Lebens in den Blick, denen wir uns im Alltag gerne verschließen. Damit sorgen wir auch dafür, dass alles so bleiben kann, wie wir es kennen, befürchten oder brauchen.

Indem wir uns auf diesen Doppelschritt eines *selbsteinschließenden Tiefenverstehens* einlassen, kann sich alles verändern: Wir können ganz allmählich unser Selbst transformieren und uns aus bekannten Reaktionsmustern herausführen, indem wir allzu Bekanntes zu vermeiden üben und uns immer wieder fragen: »Was ruft diese Lage und die damit einhergehende Stimmung in mir sowie mein spontaner Reaktionsimpuls mir über mich selbst (und meine Erblast) in Erinnerung?«

Als Erblast bezeichne ich dabei die Summe der *Strukturbesonderheiten*, die das eigene Denken, Fühlen und Handeln seit jeher bestimmen. Diese haben wir uns nicht selbst geschaffen, sie sind vielmehr die innere Seite unserer jeweiligen Lebenswelt – gewissermaßen die innere und verinnerlichte Seite der äußeren Gegebenheiten unseres Aufwachsens. Es sind die Themen, Stimmungen, Redensarten sowie Gefühlswelten, in denen wir Beziehung und Bezogenheit sowie Geborgenheit erleben durften. Auch unsere Bilder vom Erwachsenen haben in diesem Amalgam aus frühen Erfahrungen und Erleben ihre tiefen Wurzeln. Diese durchbluten unsere emotionale Haut, aus der wir auch als theoretisch interessierte Beobachter kaum entschlüpfen können (vgl. Arnold 2008). Wenn wir uns berechtigt fühlen und recht haben wollen, spricht aus uns diese Erlebensgewissheit, und wir deuten die Lage so, wie wir strukturell ähnliche Lagen in unserem eigenen Erwachsensein auszuhalten gelernt haben.

Individuation: Ein neues Verständnis des Erwachsenwerdens

Als Individuation bezeichnen Systemiker die Prozesse einer gelingenden Ichwerdung (vgl. Stierlin 2010). Zu dieser zählt auch eine gesunde bzw. ausbalancierte Seele, die sich weder immer wieder in alten Mustern verstrickt, noch dauerhaft in Kontexten verharrt, die wir als ungesund und quälend empfinden. Aus diesem Grund ist die systemische Therapie auf Musterentdeckung, Musterreflexion und Mustertransformation gerichtet, wobei bisweilen sogar die Rede vom »Musterbrechen« (Osmetz et al. 2006) ist – ein martialischer Begriff, der letztlich einer instrumentalistischen Sicht des seelischen Wandels entspringt, so, als könne man die Aufgabe von Mustern bei sich selbst oder anderen erzwingen.

Wenn Gregory Bateson davon sprach, dass seine Arbeit darauf abziele, die »Muster, die verbinden« zu erkennen (Bateson 1979), so markiert dieser Anspruch auch das Motiv einer systemischen Lebensbegleitung. Dieses Motiv integriert

- beobachtungstheoretische
- konstruktivistische
- subjekttheoretische sowie
- veränderungswissenschaftliche Theorien und Konzepte

zu einem komplexen Deutungsrahmen für die Interpretation menschlicher Entwicklung, Identitätspräsentation und Interaktion im Lebenslauf, ohne die Deutung sogleich mit einer Interventionsidee zu verbinden. Systemische Veränderungsansätze beschränken sich darauf, »die Randbedingungen für Musterveränderungen zu gewährleisten« (von Schlippe u. Schweitzer 2009, S. 8) und dafür Sorge zu tragen, dass das Gegenübersystem, mit dem sie es zu tun haben, »anregungsoffen für Zufälle ist« (Luhmann 1988, S. 132). Dabei nehmen sie das Apriori der Beobachtergebundenheit ernst, der zufolge »alles, was gesagt wird, von einem Beobachter gesagt (wird)« (Maturana 2001). Dieses »Beobachtungsbewusstsein« (Arnold 2012, S. 62) ist Ausdruck der Einsicht,

> » *(…) dass wir die Wirklichkeit nicht einfach als etwas außerhalb von uns Bestehendes untersuchen können, sondern dieses Objekt uns eigentlich nur durch unsere Beobachtungen zugänglich wird, wir es also selbst konstruieren. Aus diesem Grunde muss auch der Beobachter selbst dabei beobachtet werden, wie er beobachtet. Damit lernen wir peu à peu zu erkennen, wie wir die Wirklichkeit bevorzugt – aufgrund unserer erworbenen hirnphysiologischen Verschaltungen – konstruieren. Diesen Effekt gilt es bis hinein in die Wissenschaft zu verfolgen, er ist aber auch im alltäglichen Berufshandeln von grundlegender Bedeutung.*

> *Professionelles Verhalten (…) ist nur als ein beobachtungsbewusstes bzw. selbstreflexives Verhalten möglich. Ein solches Verhalten ist weniger ›entschieden‹. Man weiß dann um die Eigenkonstruktion seiner Reaktionen und Urteile, und so manches kommt einem dann im Verlauf des (Berufs-)Lebens bekannt vor. Nur wer seine alten Bekannten (routinemäßigen Deutungen, Gefühle und Reaktionen) kennt, kann sich auch von ihnen verabschieden oder zumindest ›auf Distanz‹ gehen. Damit dies gelingt, benötigen Professionals eine Aufklärung über die Funktionsmechanismen der Wahrnehmung. Nur, wer von ihnen weiß, kann sich auch selbstdistanzierter und auch leidenschaftsloser – oder vielleicht sogar amüsiert – beobachten, und wer gelernt hat, sich in dieser Form selbst zu beobachten, der kann zu einem Münchhausen werden, dem es ja bekanntlich gelungen ist, sich an den eigenen Haaren aus dem Sumpf zu ziehen. In besonders hartnäckigen Fällen – und es gibt überwiegend solche – benötigt man eine ›hilfreiche Hand‹, die einem bei der Veränderung hilft, indem sie beobachtet, Feedback gibt und verstört, wo sich alte Gewissheiten wiederherzustellen versuchen* «
> *(ebd., S. 62 f.).*

Dieses Beobachtungsbewusstsein ist für das systemische Denken und Handeln grundlegend. Systemische Therapien greifen dabei auf konstruktivistische Begründungen zurück, denen zufolge Menschen ihre Lage und ihren Lebenslauf nicht bloß so deuten, wie sie dies gewohnt sind, sondern auch so, wie sie dies aushalten können (vgl. Arnold 2005) – mit inneren Bildern, vor dem Hintergrund grundlegender Erfahrungen sowie teils überlieferter und tief eingespurter Loyalitäten. Ihre innere Konstruktion der Wirklichkeit bestimmt das, was sie für gegeben halten, welche Situationen sie sich im Außen rekonstellieren und wie – mit welcher ausschnitthaften Wahrnehmung und selektiven Akzentuierung – sie »erwachsenengemäß« auf die Herausforderungen und Widrigkeiten ihres Lebens reagieren. Auch Erwachsenenpädagoginnen und -pädagogen sind nicht dagegen gefeit, die beobachtungstheoretischen Grundlagen ihre Tuns mehr und mehr zu vergessen und in eine Versteifung eigener Gewissheiten (über Lernen, Lehrwirkungen etc.) abzugleiten. Sie vergessen, dass auch ihre Lernenden Recht haben, nämlich »ihr« Recht, weshalb wir gerade aus einer Betrachtung und Würdigung ihrer bisherigen Geschichte und den bisherigen Suchbewegungen viel über die von ihnen »aushaltbaren« Veränderungsschritte lernen, um an diesen anknüpfen zu können.

Die systemische Einsicht, dass komplexe Systeme sich bloß von innen heraus wandeln oder gar verändern können – ein bisweilen langsamer, meandrierender Prozess, den Beratung allenfalls durch eine Personalisierung, d. h. durch Beziehung, unterstützen kann – geht den wissenden oder gar distanten Experten ebenso ab wie die von Ed Schein nach einem langen Beraterleben gewonnene demütige Haltung: »Ich bin der Berater und ich habe keinen Schimmer, was ich tun soll!« (Schein 2017, S. 15). Es scheint dem Beraterhandeln im konkreten Fall auch bisweilen um Selbstvergewisserung und Berechtigung, nicht einzig und allein um die gemeinsame Suche zu gehen, die den Rapport zum Lernenden niemals (!) verliert, sondern intensiviert. Eine solche »demütige« und »vorurteilslose« Begleitung zeichnet sich durch Zuhören und ein »zurückhaltendes Fragen« aus (ebd., S. 59), nicht durch Antworten. Alles andere wirkt sich eher destruktiv auf den Prozess der Lösungssuche aus, wie Ed Schein, der Grandseigneur der Beratungswissenschaften, berichtet:

> » *Das Wesentliche an dieser neuen Haltung ist eine gewisse Demut angesichts der Komplexität der Probleme und eine gewisse Demut in der Beziehung zum Kunden – in dem Sinne, dass ich da bin, um bei der gemeinsamen Klärung von Fragen zu helfen, und nicht, um das Problem an mich zu reißen und damit loszurennen. Ich bin da, um die Schwierigkeiten, vor denen der Kunde steht, auf empathische Weise anzuerkennen und um mich auf ihn und die Situation zu konzentrieren, anstatt auf mein eigenes Bedürfnis, mich selbst, meine Fähigkeiten und Erkenntnisse gut zu verkaufen. Diese Haltung lässt sich am besten damit beschreiben, dass ich mich ernsthaft zum Helfen verpflichtet fühle und aufrichtiges Interesse am Klienten und seiner Situation habe* « *(ebd., S. 29).*

Oftmals ist die Lernbegleitung nicht frei von Beurteilungen, die immer wieder zu verstehen geben, dass die Lernenden sich nicht so verhalten, wie es vor dem Hintergrund irgendwelcher Erklärungsmodelle sowie Erfahrungen angezeigt und für das angemessene Handeln – aus professioneller Sicht – als notwendig erachtet werden kann. Die hierbei durchschimmernde Haltung ist nicht die einer »Expertin des Nichtwissens« (vgl. Barthelmess 2016, S. 242 ff.), wie sie sich in der aufkeimenden Epoche der Erwachsenenbildung als Modell einer postinstruktivistischen Begleitung von Prozessen der Selbsttransformation abzuzeichnen beginnt. Jedes erfolgreiche Lernen wird dabei als eine Selbstveränderung bzw. Selbstbildung verstanden, bei der die Lernenden sich auf das fokussieren, was alleine getan werden kann: die eigenen Muster des Denkens, Fühlens und Handelns – das »alte Ich« (u. a. Dispenza 2016)– selbst zu transformieren (z. B. als Experte oder Führungskraft) und dabei auch zu anderen, für das jeweilige Gegenüber dann auch möglicherweise hilfreicheren Formen des Umgangs mit sich selbst und der Welt zu gelangen. Diese Entwicklung folgt der Eigenlogik des Lernenden, ist Ausdruck seiner inneren Möglichkeiten, die nicht bloß zur Aneignung und Wiederholung des Überlieferten drängen, sondern auch von der intuitiven Gewissheit getragen sind, wie Erkenntnis oder gar Kompetenzentwicklung gelingen können.

PARABEL VOM SCHMETTERLING

Eines Tages erschien eine kleine Öffnung in einem Kokon; ein Mann beobachtete den zukünftigen Schmetterling für mehrere Stunden, wie dieser kämpfte, um seinen Körper durch jenes winzige Loch zu zwängen. Dann plötzlich schien er nicht mehr weiter zu kommen. Es schien, als ob er so weit gekommen war, wie es ging, aber jetzt aus eigener Kraft nicht mehr weitermachen konnte. So beschloss der Mann, ihm zu helfen: Er nahm eine Schere und machte den Kokon auf. Der Schmetterling kam dadurch sehr leicht heraus.

Aber er hatte einen verkrüppelten Körper, er war winzig und hatte verschrumpelte Flügel. Der Mann beobachtete das Geschehen weiter, weil er erwartete, dass die Flügel sich jeden Moment öffnen und sich ausdehnen würden, um den Körper des Schmetterlings zu stützen und ihm Spannkraft zu verleihen. Aber nichts davon geschah. Stattdessen verbrachte der Schmetterling den Rest seines Lebens krabbelnd mit einem verkrüppelten Körper und verschrumpelten Flügeln. Niemals war er fähig zu fliegen.

Was der Mann in seiner Güte und seinem Wohlwollen nicht verstand, war, dass der begrenzende Kokon und das Ringen, das erforderlich ist, damit der Schmetterling durch die kleine Öffnung kam, der Weg der Natur ist, um Flüssigkeit vom Körper des Schmetterlings in seine Flügel zu fördern. Dadurch wird er auf den Flug vorbereitet, sobald er seine Freiheit aus dem Kokon erreicht. Manchmal ist das Ringen genau das, was wir in unserem Leben benötigen. Wenn wir durch unser Leben ohne Hindernisse gehen dürften, würde es uns lahmlegen. Wir wären nicht so stark, wie wir sein könnten, und niemals fähig zu fliegen.

(Steinbach 2016a, S. 68)

Auch die folgenden Geschichten können die Einsicht in die Logik des Lebendigen veranschaulichen, die sich ungeplant und unabhängig von unseren Erwartungen und Vorstellungen darüber, was richtig, erstrebenswert bzw. »normal« ist, zu entfalten vermag – vielfältig, bunt und divers.

DER GERECHTE GÄRTNER UND DAS UNKRAUT

Ein Gärtner sollte einen großen schönen Garten anlegen. Er ging hin und pflanzte allerlei Blumen, Bäume und Sträucher. Jeden Tag ging er durch den Garten und wässerte den Boden schön gleichmäßig, damit keine Pflanze zu viel und keine zu wenig Wasser bekam. Der Gärtner wollte, dass es gerecht in seinem Garten zuging. Doch es dauerte nicht lange, da war der Garten voll Unkraut.

»Wie kann das sein?«, fragte sich der Gärtner. »Ich habe diese Pflanzen doch gar nicht gesät.«

Und er ging weiterhin jeden Tag mit seiner Gießkanne durch den Garten und wässerte den Boden schön gleichmäßig, damit keine Pflanze zu viel und keine zu wenig Wasser bekam. Einige Zeit später hatte das Unkraut den ganzen Garten überwuchert. Es gab keine Blumen mehr und keine Sträucher. Und die Bäume waren klein und verkrüppelt. Doch der Gärtner sagte:

»Ach, wie ist das alles so schön grün in meinem Garten. Alles wächst und gedeiht.«

Und er ging jeden Tag mit seiner Gießkanne durch den Garten und wässerte den Boden schön gleichmäßig, damit keine Pflanze zu viel und keine zu wenig Wasser bekam. Nur wunderte er sich manchmal, warum ausgerechnet in seinem Garten nie eine Blume blühte.

(Nöll 2002, S. 95)

DIE KUNST DES ZUHÖRENS

Einst sagte der Meister zu seinen Schülern: »Ihr hört nicht zu, um etwas zu entdecken, sondern um in meinen Worten etwas zu erkennen, was eure eigene Meinung festigt. Ihr argumentiert nicht, um die Wahrheit zu finden, sondern um eure eigenen Ideen zu bestätigen.«

Und um zu erklären, was er damit sagen wollte, erzählte der Meister folgende Geschichte:

Ein König kam einst in eine kleine Stadt und sah überall die Spuren eines ausgezeichneten Bogenschützen. Auf Bäumen, Mauern und allen Arten von Wänden waren mit Kreide konzentrische Kreise gezeichnet und genau im

Mittelpunkt der Kreise sah der König die Einschusslöcher von Pfeilen.

Er fragte die Einwohner, wer denn dieser Meisterschütze sei. Man zeigte ihm einen zehnjährigen Jungen.

»Das ist doch unglaublich!«, sagte der König. »Wie ist es denn möglich, dass du in deinem Alter schon ein so ausgezeichneter Schütze bist?«

»Ach, das ist ja ganz einfach«, erklärte der Junge. »Erst schieße ich und dann zeichne ich die Kreise.«

»Und, meine lieben Schüler«, fragte der Meister, »ist dies nicht auch die Art und Weise, wie ihr euren Weg geht, um so an euren Überzeugungen und Ideen festzuhalten?«

(Quelle unbekannt)

8 ZUFRIEDENHEIT: WIE ICH INNERE RUHE UND GELASSENHEIT ERREICHEN KANN

Agile Führungskräfte sind unaufgeregte und konzentrierte Beobachter von sich selbst und anderen. Sie haben ihre Beobachtungsweisen reflektiert und diejenigen hinter sich gelassen, mit denen sie Wiederholungen festigen, statt sich »frisch« auf die jeweiligen Besonderheiten und Möglichkeiten einer Situation bzw. eines Gegenübers zu beziehen und neu einzulassen. Für sie ist weder das Loslassen noch die tiefe Einwurzelung in die Vorstellungen eines idealen Ichs (»So möchte ich leben!«) fremdartiges Terrain. Sie meiden dabei jegliche Substantiierung, sondern sind in der Lage, sich präsent und bezogen an die Logik möglicher Gegebenheiten anzuschmiegen. Gleichzeitig ist ihnen bewusst, welche Ausdrucksformen ihrer Persönlichkeit sie noch weiter üben und aus sich heraus leben wollen – auch in Anbetracht der Kontingenz (= Zufälligkeit) und Vorläufigkeit gewachsener Ichformen. Sie vermögen es, sich immer wieder aufzulösen, ohne sich selbst abhandenzukommen, um den bekannten Spruch von Max Frisch abzuwandeln, und sie handeln im Bewusstsein, dass sie die meiste Zeit ihres Lebens sehr wahrscheinlich schon hinter sich haben. Die Optionen, die sie in der ihnen verbleibenden Zeit nutzen wollen, sind

- loslassen und Spuren verwischen
- zum achtsamen Beobachter werden
- sich um das Lebendige bemühen und
- in den Unterschied gehen – immer und immer wieder.

Die erste Option *»loslassen und Spuren verwischen«* mag erstaunen. Warum sollen wir unsere Spuren verwischen, um zu werden, wer wir sein können? Es geht um die inneren Spuren unserer gewachsenen Muster des Denkens, Fühlens und Handelns. Dabei gilt es, sich aus der Zählebigkeit dieser Muster in unserer Seele zu befreien, die uns mit den Jahren immer stärker an dem festhalten lassen, was uns Sicherheit und Schutz zu geben verspricht. Und indem wir festhalten, verfestigen wir uns. In diesem Sinn beschreibt Ortfried Schäffter »Gelassenheit als Fähigkeit des Lassenkönnens« (Schäffter 2001, S. 8) und identifiziert sechs unterschiedliche Kompetenzen, die dieser Fähigkeit zugrunde liegen (s. Tafel 13).

Formen	Kompetenzen
Los-lassen-Können	»Überwindung der Abhängigkeit von alten Sicherheiten«
Ver-lassen-Können	»alte, gebahnte Wege verlassen, um neue Wege zu gehen«
Zu-lassen-Können	»ungewohnten Perspektiven und Sichtweisen Raum geben«
Ab-lassen-Können	»ritualisierten Aktivitätsdrang zum Abklingen bringen«
Aus-lassen-Können	»Mut zur Lücke, zur diskontinuierlichen Entwicklung aufbringen«
Sich-ein-lassen-Können	»frei werden für unübersehbare Entwicklungen«

Tafel 13: Formen und Kompetenzen des Loslassens

Agile Führungskräfte beherrschen die Formen und Kompetenzen des Loslassens. Sie verfügen über realistische Vorstellungen zu der Frage, welche Ausdrucksform sie ihrer »Restbiografie« (vgl. Arnold 2017b) noch verleihen wollen. Ihnen ist bewusst, dass ein »Und-so-weiter« keine wirklichen Perspektiven zu stiften vermag. Dieses reduziert das Leben zudem auf einen linearen Ablauf in mehr oder weniger gesicherten Bahnen und scheint gerade der Vermeidung von den erwähnten Formen des Loslassens zu dienen. Folgt man hingegen der Überlegung von Montaigne, der den Sinn des Lebens nicht in seiner Dauer, sondern in seiner Anwendung sieht (vgl. de Montaigne 1976, S. 28), dann führt uns diese zu der Frage, wie wir den bislang noch ungelebten Rest unserer inneren Möglichkeiten zum Ausdruck bringen können, von dem Pascal Mercier in seinem Roman *Der Nachtzug nach Lissabon* schreibt:

> »*Wenn es so ist, dass wir nur einen Teil von dem leben können, was in uns ist – was wird dann aus dem ganzen Rest?*« *(Mercier 2006, S. 58).*

Dies konfrontiert agile Führungskräfte mit der ganz persönlichen Frage, zu welchen Formen des Umgangs mit sich und der Welt sie selbst noch gelangen wollen und welche vertrauten Formen ihres Alltagshandelns sie dabei zugleich hinter sich lassen wollen. Dabei geht es um Entscheidung und Übung im Umgang mit den ohnehin schwindenden Optionen. Diese können vielfach bloß um den Preis der endlosen Wiederholung oder gar der Lächerlichkeit weiter als Grundlage dienen; sie sollten deshalb verlassen werden. Das Modell der ewigen Jugend und Fitness im Alter ist zwar als mentales Bild verbreitet, nicht jedoch als Realität. Wer dem gesellschaftlich verbreiteten Juvenalismus anhängt, für den ist es schwer, sich auf die mit dem Älterwerden unvermeidbar einhergehenden Einschränkungen wirklich einzulassen. Sein Selbstbild bleibt seinen bisherigen Selbstbildern verhaftet, und alle Abweichungen von demselben erscheinen ihm als defizitär – eine Verirrung folgenschwerer Art. Montaigne rief deshalb bereits seinen Zeitgenossen zu:

> »*Dachtet ihr denn, ihr würdet nie da ankommen, worauf ihr beständig zugeht?*« *(de Montaigne 1976, S. 28).*

Diejenigen, die die großen Themen ihres Lebens fest im Blick haben und in ihrer fortgeschrittenen Biografie die montaigneschen »Anwendungen« auch der fortgeschrittenen Lebensphasen bewusst gestalten, erfahren eine Öffnung und Vertiefung ihrer Haltung gegenüber dem Leben zur Gelassenheit. Sie stehen nicht länger irgendwelchen Beurteilungen zur Verfügung, werden mehr und mehr zurückhaltend gegenüber Bewertungen und sind zu einer schier grenzenlosen Toleranz in der Lage.

Gleichzeitig beobachten und handeln sie auf der Grundlage einer Ethik jenseits der engen Maßstäbe von Gut und Böse, richtig oder falsch, weil sie die systemische Eingebundenheit der menschlichen Motive und Bewegungen verstanden haben und auch ihre eigenen Dämonen und Schatten kennengelernt haben. Ihre Ethik basiert auf Verzeihen und Zuwendung, aber auch auf deutlichen Worten und Widerstand gegenüber den Konzepten und Verhaltensweisen anderer, die die Lebendigkeit einschränken und bedrohen. Sie suchen nach Authentizität, Ausgleich, Versöhnung und Akzeptanz, aber auch nach den Ausdrucksformen einer klareren und spürbar gelebten Wertbindung sowie gelassener Nüchternheit. Diese befähigt sie dazu, das Unübersehbare zu akzeptieren und nicht an zerrinnenden Gewohnheiten festzuhalten. Dieses Loslassen ist gemeint, wenn von »Spuren verwischen« die Rede ist – im Sinne eines aktiven Tuns und nicht eines passiven Duldens. Eine agile Führungskraft, die nicht bloß das Zu-Ende-Gehen gewohnter Zeiten des Voranstürmens aufgibt, sondern aktiv gestaltet, indem sie ihre Spuren verwischt, definiert ihren

> » *(…) Ich-Zustand nicht aus den flüchtigen Momenten des Seienden, sondern sucht in der Flüchtigkeit selbst eine Substanz, auch wenn diese zunächst schwer zu identifizieren sein mag. Der flüchtige Mensch klammert sich auch nicht an die Vorstellung, irgendwelche dauerhafteren Spuren hinterlassen zu können, sondern lebt mehr und mehr im Modus des bewussten Spurenverwischens. Dazu zählt letztlich auch die Fähigkeit, allem seine Zeit zu lassen und an zu Ende gehenden Lebensformen nicht festzuhalten, sondern deren Auflösung selbst aktiv zu befördern* « *(Arnold 2017b, S. 106).*

Diese achtsam-selbstreflexive Form des Umgangs mit den eigenen Ichzuständen (z. B. der eigenen Elternrolle, der Berufsrolle, dem eigenen Disengagement) konfrontiert agile Führungskräfte mit der Aufgabe einer aktiven und auch antizipierenden Selbstsozialisation. Für diese ist die immer wieder neue Klärung des idealen Ichs eine beständige Aufgabe. Diese wird zum zentralen Bestandteil der kurativen Selbstsorge einer agilen Lebenseinstellung, da auch für diese der systemische Leitsatz gilt, dass im Außen bloß das sein kann, was auch im Inneren als Möglichkeit angebahnt ist, die (eigene) Welt zu deuten und auszuhalten. Agile Führungskräfte sind deshalb gehalten, sich in ihrer täglichen Selbstsorge der Imagination ihres persönlichen Idealzustands als Gestalter lebendiger Begegnung und nachhaltiger Entwicklungsprozesse zu stellen – wissend, dass Führung zuallererst ein »inner job« ist. Ihr Führungshandeln ist auch eine tägliche Fokusarbeit, für die der folgende Meditationsleitfaden anregend sein kann:

Meditation »Mein Leben ist (auch) tägliche Fokusarbeit!«

Löse dich von der Intention, das Denken, Fühlen und Handeln anderer beeinflussen zu wollen, und widme dich deinem »inner job«!

Rückblick:

1. Durch welche Blickwinkel habe ich gelernt, auf die Welt zu blicken und diese auszuhalten?
2. Welche Leitunterscheidungen habe ich gelernt und bis heute übernommen (z. B. gut – böse, gerecht – ungerecht, lebendig – tot)
3. Wer hat mir diese in die Wiege gelegt und vorgelebt?
4. Habe ich andere mögliche Unterscheidungen bei anderen beobachtet, die ich nicht übernehmen konnte?

Imagination eines neuen – alternativen – Ich:

5. Ich löse mich von meinen schlichten Leitunterscheidungen, um der Vielfalt des Lebens nachzuspüren!
6. Ich entwickele und folge anderen Leitunterscheidungen (z. B. entwicklungsfördernd – Entwicklungen verhindernd, wertschätzend – nicht wertschätzend, dominant – resonant)!
7. Ich bin in der Lage, mit unangenehmen oder gar destruktiven Gefühlen umzugehen, indem ich mir immer und immer wieder verdeutliche, dass diese bloß in mir sind!

Habitualisierung:

8. Ich beginne den Tag mit einer Beobachtung meines Körpers und seiner Gefühlszustände und widme mich diesen liebevoll!
9. Ich übe andere Gefühlszustände, die ich in mir aufzurufen lerne!
10. Ich beobachte jeden Tag, wie ich – bevorzugt – beobachte und betrachte selbstkritisch diese Routine, die nur sein lässt, was ich kenne!
11. Ich werde stärker spürend beobachten und mehr auf die Resonanz im Gegenüber achten als auf meine Konzepte!

Tafel 14: Meditation »Mein Leben ist (auch) tägliche Fokusarbeit!« (Arnold 2019b, S. 218)

Diese Meditation vermag einen auch zu der radikalen Ichklärung zu führen, die um die Frage kreist, wer wir tatsächlich außerhalb unserer Denk- und Fühlgewohnheiten, die uns selbst auffallen und die wir beobachten können, tatsächlich sind. Dabei können wir allmählich zu einer inneren Substanz gelangen, die sich bloß als Beobachter spürt, der sich wiedererkennt und der erkennt, dass er wiedererkennt, andere Möglichkeiten ertastet und erprobt und sich darin übt, sich auf diese zu verweisen, um nicht immer und immer wieder erwartungsgemäß zu (re)agieren. In dieser Bewegung »klären« wir diese Ichfrage nicht abschließend und ein für alle Mal, wir lernen aber zu beobachten, wie wir in unserem Leben mit dieser Frage umgehen: Sprachformeln nutzend, ausweichend, zweifelnd, trotzig usw. Agilität bedeutet in diesem Zusammenhang, dass man sein eigenes Universum verlassen und sich in Multiversen bewegen kann – indem man die Vielfalt sucht und sich auf diese einlässt. Dabei ist der Schritt in eine distanzierte Beobachterposition gegenüber dem biografisch Gewordenen und lebensweltlich Umfangenden eine Leistung, die sich mit Münchhausens Geste vergleichen lässt, sich selbst an den eigenen Haaren aus dem Sumpf zu ziehen. Dieses Bild ist sehr anschaulich, es wurde aber in der systemischen Debatte bereits verwendet (Watzlawick 1988).

Letztlich geht es darum, sich der Leitfrage einer in die Tiefe gehenden Meditation immer und immer wieder zu stellen:

> » *Wer bin ich ohne meine Lebensgeschichten, d. h. ohne die Anläufe, Erfolge und Niederlagen, die meinen Lebenslauf markieren? Ich bin auch hier nicht nur diejenige Instanz, die ihren Weg gewählt hat und ihn verantwortet, sondern auch diejenige, die jetzt rückblickend auf diesen Weg schaut, ihn beurteilt, vergleicht und nach neuen Formen des Ausdrucks tastet – wissend, dass auch dieses Tasten mir nur eine der Möglichkeiten zeigen wird, aber immerhin eine, um die ich mich selbst bemüht und an deren Zustandekommen ich bewusst mitgewirkt habe* « *(Arnold 2017b, S. 108).*

WANN BEGINNT DAS MENSCHLICHE LEBEN?

Sitzen drei Geistliche zusammen: Ein katholischer Pater, ein evangelischer Pfarrer und ein Rabbi. Sie führen einen Disput über den Beginn des menschlichen Lebens. Im Laufe des Gesprächs kommen sie überein, dass wohl die zentrale Frage dabei ist, wann überhaupt das menschliche Leben beginnt. Sagt der Pater:

»Nun, liebe Brüder im Herrn, ich bin der Ansicht, dass das menschliche Leben bereits beginnt, wenn sich Vater und Mutter in Liebe zusammentun.«

»Na ja«, antwortet der evangelische Pfarrer. »Ich würde es so nennen: Das menschliche Leben beginnt, wenn die Samen- und Eizelle miteinander verschmelzen.«

»Nebbich«, meint der Rabbi. »Menschliches Leben beginnt, wenn ist tot der Hund und sind aus dem Haus de Kinder ...«

(nach Erlinger 2014)

Zum achtsamen Beobachter werden

In der Meditation werden wir zum achtsamen Beobachter unserer selbst. Dabei nehmen wir die Erkenntnisse der Wahrnehmungspsychologie, Erkenntnisphilosophie und Hirnforschung ernst, lassen diese gezielt auch für das, was uns der Fall zu sein scheint, gelten, haben verstanden, wie unser Denken dazu neigt, sich in vorgefertigten Mustern und Sprachformen zu bewegen, und sind mehr und mehr in der Lage, nüchtern zu beobachten, welche Wirkungen das Außen in uns bewirkt. Wir verstehen dieses unspektakuläre Geschehen und begreifen auch, wie unser Bedürfnis nach Sinn und Sinngebundenheit unseres Tuns letztlich bloß dazu dient, unser Überleben in sozialen Bindungen zu harmonisieren, nicht aber dazu geeignet ist, uns eine außerhalb dieser sozialen Konstruktion von Wirklichkeit ergebende Erklärung oder gar Bestimmung zugänglich zu machen. In diesem Bemühen suchen wir, unsere Positionierung gegenüber uns selbst und der Welt zu entdecken und zu begründen:

DER MANAGER UND DIE INGENIEURIN

Ein Mann in einem Heißluftballon hat sich verirrt. Er geht tiefer und sichtet eine Frau am Boden. Er sinkt noch weiter ab und ruft: »Entschuldigung, können Sie mir helfen? Ich habe einem Freund versprochen, ihn vor einer Stunde zu treffen, und ich weiß nicht, wo ich bin.«

Die Frau am Boden antwortet: »Sie sind in einem Heißluftballon in ungefähr 10 Meter Höhe über Grund. Sie befinden sich zwischen 40 und 41 Grad nördlicher Breite und zwischen 59 und 60 Grad westlicher Länge.«

»Sie müssen Ingenieurin sein«, sagt der Ballonfahrer. – »Bin ich«,

> antwortet die Frau, »woher wussten Sie das?« – »Nun«, sagt der Ballonfahrer, »alles, was Sie mir sagten, ist technisch korrekt, aber ich habe keine Ahnung, was ich mit Ihren Informationen anfangen soll, und Fakt ist, dass ich immer noch nicht weiß, wo ich bin. Offen gesagt waren Sie keine große Hilfe. Sie haben höchstens meine Reise noch weiter verzögert.«
>
> Die Frau antwortet: »Sie müssen im Management tätig sein.« – »Ja«, antwortet der Ballonfahrer, »aber woher wussten Sie das?«
>
> »Nun«, sagt die Frau, »Sie wissen weder, wo Sie sind, noch, wohin Sie fahren. Sie sind aufgrund einer großen Menge heißer Luft in Ihre jetzige Position gekommen. Sie haben ein Versprechen gemacht, von dem Sie keine Ahnung haben, wie Sie es einhalten können, und erwarten von den Leuten unter Ihnen, dass sie Ihre Probleme lösen. Tatsache ist, dass Sie nun in der gleichen Lage sind wie vor unserem Treffen, aber merkwürdigerweise bin ich jetzt irgendwie schuld!«
>
> (Quelle unbekannt)

Indem wir zum achtsamen Beobachter werden, stärken wir eine ganze Reihe von Fähigkeiten in uns, die helfen können, unser Leben in dem erwähnten Sinne zu vertiefen. Wir werden besser darin (nach Arnold 2017b, S. 109),

- zu erkennen, ohne zu beurteilen, indem wir nüchtern zu sehen vermögen, was ist, ohne es sogleich vor dem Hintergrund dessen zu konzipieren, was sein sollte oder sein könnte
- schweigend zu beobachten, ohne uns den beständigen Einflüsterungen unserer Annahmen, Erwartungen und Erfahrungen hinzugeben
- wiederkehrende biografische Muster bei uns selbst und anderen zu bemerken und diese zu ent-schuldigen
- gleichwohl Verantwortung für die Wirkungen der eigenen bevorzugten Weisen des Weltumgangs zu übernehmen und diese den anderen nicht einfach zuzumuten
- auch die (noch) ungelebten, aber möglichen Formen des Ausdrucks im Gegenüber zu sehen
- den Defizitblick auf das, was ist, zu überwinden und nicht länger über das nachzudenken, was sein könnte oder sein sollte
- eine Stifter-Haltung gegenüber den Möglichkeiten des Lebendigen einnehmen und diese exemplarisch unterstützen (»etwas Lebendiges schaffen/unterstützen«)

- eine insgesamt akzeptierendere Grundhaltung gegenüber dem, was uns das Leben gewährt und zumutet, zu entwickeln und
- auch die noch vor uns liegende Zeit stärker im frommschen »Modus des Seins« als in dem des »Habens« zu gestalten – in dem Bewusstsein, dass bloß das Haben auch den Verlust und damit die Trauer und die Enttäuschung kennt.

Die Achtsamkeit, die in solchen – kontemplativen – Fähigkeiten ihren Ausdruck findet, beschreibt eine Haltung dem Leben gegenüber, welche die trotzige Auflehnung der Existenzialisten nicht kennt, obgleich sie selbst von deren Denken nicht unbeeinflusst ist. Sie versteht das menschliche Leben gleichwohl nicht als Absurdität – ein Begriff, der abwertet, statt zu klären –, sondern schlichtweg als unbegreiflich. Sich im Unbegreiflichen zu wissen und selbst als dessen Teil zu spüren lähmt nicht, sondern regionalisiert den Anspruch auf das Hier-und-Jetzt der eigenen Geschichte. Indem wir zu begreifen beginnen, wie durchschaubar unsere kognitiven und emotionalen Formen der Konstruktion unserer Lage letztlich wirken, und auch das gestalten, was wir »unser« Leben zu nennen gewohnt sind, bleiben wir verwundert zurück – und ahnen, dass es bloß ein kleiner Schritt von der Verwunderung zur Bewunderung ist. Aus dieser allein kann eine neue Substanz der restbiografischen Reflexion entstehen, die uns Wege weist, welche uns in kontemplative, versöhnliche sowie lebendigere Gefilde unseres Selbst zu führen vermag.

EINE UNGEWÖHNLICHE BANK

Stell dir eine Bank vor, die dir jeden Morgen 86.400 Euro auf dein Konto überweist und jeden Abend das Geld wieder zurücknimmt, das du nicht verbraucht hast. Was würdest du mit dem Geld machen? Selbstverständlich so viel wie möglich verbrauchen!

Im Grunde hast du eine solche Bank. Man nennt sie Zeit. Jeden neuen Morgen bekommst du 86.400 Sekunden, die du genau so verwenden kannst, wie du willst. Jeden Abend ist verschwendete Zeit weg für alle Zeit. Es gibt keine Möglichkeit, Zeit für die Zukunft aufzusparen.

Verwende darum deine Zeit so klug wie möglich. Genieße den Sonnenuntergang zusammen mit einem Freund, lerne etwas Neues, hilf jemandem, der es schwer hat ... Gestalte jeden Tag so, dass er erinnerungswert ist.

> Um den Wert eines Monats zu verstehen, frage eine Mutter, deren Kind zu früh geboren wurde.
>
> Um den Wert eines Tages zu verstehen, frage jemanden, der noch einen Tag Urlaub hat.
>
> Um den Wert einer Stunde zu verstehen, frage zwei Frischverliebte, die darauf warten, sich treffen zu können.
>
> Um den Wert einer Minute zu verstehen, frage einen, der gerade den Zug verpasst hat.
>
> Um den Wert einer Sekunde zu verstehen, frage denjenigen, der gerade knapp einem Verkehrsunfall entgangen ist.
>
> Um den Wert einer Millisekunde zu verstehen, frage den 100-Meter-Läufer, der die Silbermedaille bekommen hat.
>
> Achte auf jeden Augenblick!
>
> (Reftel 2015, S. 155 f.)

Sich um das Lebendige bemühen

Das Lebendige als die Fülle der kreativen Möglichkeiten, die wir aus uns und anderen heraus leben können, setzt voraus, dass wir unseren Blick immer wieder öffnen und unsere Erfahrungen, die uns ständig darüber belehren, was geht und was nicht, zurückdrängen und relativieren. Dies bedeutet nicht, dass Erfahrungen obsolet sind, sondern will lediglich darauf hinweisen, dass Erfahrungen uns an die Vergangenheit binden und uns gegenüber Neuem eher zurückhalten, verschließen und mit Maßstäben ausstatten, die überliefert sind. Mit dieser Ausstattung werden wir zunehmend weniger in der Lage sein, mit den Veränderungen in Wirtschaft und Gesellschaft verantwortlich umzugehen, wie Ervin Lazlo, ungarischer Wissenschaftsphilosoph und Systemtheoretiker, bereits 2009 feststellte:

> »*In Zukunft werden in der Wirtschaft Vorstellungen, Werte, Ethik eine sehr große Rolle spielen, an denen sich auch die Konsumenten orientieren werden. Es geht also um eine mehr geistige, spirituelle Haltung – aber nicht im esoterischen Sinne, sondern so, dass wir uns bewusst werden, dass wir in dieser Welt, die immer mehr vernetzt ist und sich immer mehr in Richtung Krise bewegt, eine verantwortliche Rolle haben*« *(Lazlo 2009, S. 28).*

Diese Richtung unterscheidet sich grundlegend von der Führungspraxis, die noch in vielen Bereichen unserer Gesellschaft in zu starkem Maße durch hierarchisches Gehabe und auch destruktive Kommentare geprägt ist. Demgegenüber ist es ihr Anliegen, dafür zu sorgen, dass Neues in dieser Welt entstehen kann. Damit folgt sie einer ethischen Leitlinie, der es in erster Linie um die Erschließung von Potenzialen und nicht um die Einhaltung von Vorschriften geht. Agilität bedeutet in diesem Zusammenhang, dass Führungskräfte in der Lage sind, mit sich selbst und der Welt in einer Weise gestaltend umzugehen, dass neue und tragfähige Lösungen entstehen können, die ihnen und anderen die Möglichkeit bietet zu werden, wer sie sein könnten.

DIE KUNST DES MÖGLICHEN

Benjamin Zander, der Dirigent der Boston Philharmoniker, versteht seine Aufgabe als Lehrender gegenüber seinen Schülern und als »Leader« – d. h. Führender gegenüber seinem Orchester – in der Eröffnung immer neuer Möglichkeiten und der Erschließung neuer Kategorien für Beobachtbares. Er tut dies, indem er seinen Schülern und Mitarbeitern die Angst davor nimmt, Fehler zu machen. In seinen Augen ist die Angst vor dem eigenen Versagen das größte Hindernis beim Lernen. Denn Lernen wird möglich durch das Ausprobieren neuer Wege, das Aufnehmen unbekannter Informationen, die erst dann gewonnen werden können, wenn das Wagnis eingegangen wird, das gewünschte Ergebnis zu verfehlen. In seinen Meisterklassen löst Benjamin Zander das Problem der Angst vorm Versagen auf kreative Weise: Er gibt jedem seiner Schüler am Anfang des Semesters die Note 1. Als Bedingung erwartet er lediglich einen Brief, in welchem die Studierenden sich in »die Zukunft« versetzen und ihre Entwicklung aus der Perspektive in einem Jahr beschreiben sollen. In diesem Brief erläutern die Studierenden, was sie im vergangenen Jahr getan und gelernt haben, um zu ihrer sehr guten Leistung zu gelangen. Die gute Note am Ende des Jahres ist ihnen sicher, aber die Angst vor dem Versagen muss ab jetzt nicht mehr ihre Handlungen bestimmen. Hierdurch schafft Benjamin Zander ein Klima, in dem der Glaube an die eigenen Möglichkeiten wie ein Wunder wirken kann. Durch das Niederschreiben der konkreten Handlungsweisen erhöht er gleichzeitig die Verpflichtung, mit der sich die Studierenden der Zielerreichung verschreiben. Denn wer die Aufgabe ernst nimmt, hat sich selbst die perfekte Straßenkarte für das eigene Vorankommen gezeichnet.

Wichtig ist hierbei, dass nicht er als Führender definiert, wie die Schritte dorthin auszusehen haben oder welche Leistungen die Studierenden

> genau zeigen sollen, sondern dass er es jeder Person selbst überlässt zu entscheiden, was möglich und denkbar ist. Benjamin Zander umschreibt es mit eigenen Worten so: »Ich gebe Menschen eine Möglichkeit, in die sie hineinwachsen können, nicht eine Erwartung, die sie erfüllen müssen.« Um die Angst vor Fehlern weiter zu reduzieren, macht er seine Studierenden mit einer gänzlich unbekannten Kultur bekannt: Jeden Fehler zelebriert er als Chance für neues Lernen, indem er die Studierenden lehrt auszurufen »wie interessant!«, wenn sie sich selbst beim Fehlermachen beobachtet haben. Man kann sich leicht vorstellen, wie signifikant sich die Atmosphäre seiner Unterrichts- und Probestunden unterscheidet von dem, was die meisten von uns kennen. Als Schlüssel zum Potenzial bei sich und bei anderen gilt für ihn auch die wichtige Regel: »Nimm dich selbst nicht so verdammt ernst!« Die Kombination aus dem Vertrauen in das Vermögen der Menschen, mit denen er arbeitet, der Verantwortung für die eigene Entwicklung, die er in ihre Hände legt, der Neugierde, mit der er Fehler als potenzielle Chance betrachtet, und nicht zuletzt dem Humor, mit dem er sich und die Welt betrachtet – all das öffnet die Tür für Entwicklung und damit Wachstum.
> (Steinbach 2016b)

Agile Führung zielt in ähnlicher Weise auf die Eröffnung von Wachstumspotenzialen. Sie ist Ausdruck einer Stiftungsmentalität. Diese folgt einer spürend-offenen, nicht allein einer nüchtern schlussfolgernden Vernunft oder einem rigiden normativen Korsett. Dabei ist sie sich der Tatsache bewusst, dass sich im Außen auch bloß *die* Möglichkeitsräume öffnen können, die sich auch im eigenen Inneren der Führungskräfte haben entwickeln können. Diese Gegebenheit berührt auch die ethische Dimension des Führungshandelns. Deren Kriterien ergeben sich nicht einfach aus dem resonanten Zusammenwirken selbstorganisierter Subjekte und Kontexte – nach dem Motto: »Richtig und gut ist, wenn es läuft!« Ethisch verantwortetes Handeln ergibt sich vielmehr aus einer haltungsmäßigen Überwindung des eigenen Opportunismus und der Fähigkeit, sich in dem eigenen Handeln an universalen Werten zu orientieren. Solche Werte werden von der Frage getragen, wie Zusammenleben und gemeinsames Überleben gesichert werden können. Sie stellen auch kein zwangsläufiges Ergebnis einer zivilisatorischen Entwicklung dar, sondern sind Ausdruck einer bewussten Entscheidung zu der Frage: »Nach welchen Maßstäben möchte ich das Zusammenleben gestalten?«

Indem Führungskräfte in sich den eigenen Opportunismus überwinden (»Gut ist, was mir nützt!«) und sich mit den Bedürfnissen, Interessen und Erwartungen der anderen in Resonanz zu begeben wissen, folgen sie einem ethisch begründbaren Weg zur Stiftung nachhaltiger Entwicklungsmöglichkeiten für sich und andere. Dabei gibt es Vorbilder und Anknüpfungsmöglichkeiten in den Traditionen des humanistischen Denkens. Diese lassen sich jedoch nicht als Formeln übernehmen und umsetzen; sie gewinnen Kraft und Tragfähigkeit durch das sichtbar gelebte Verhalten agiler Führungskräfte. Agile Führungskräfte sind an Werte und Orientierungen gebunden, die dem Leben und der Lebendigkeit im Sinne der Schaffung neuer und nachhaltiger Ausdrucksformen menschlicher Praxis dienen. Sie wissen um die Bedeutung der Anerkennung sowie der Nachhaltigkeit und sind sich ihrer Verantwortung gegenüber der Natur, der Gesellschaft und der Biografiegestaltung ihrer Kolleginnen und Mitarbeiter bewusst. Sie handeln vor diesem Hintergrund wirkungsorientiert, nicht auf der Basis eigener Geltungsbedürfnisse.

> *>> Dies gelingt Führungskräften in der Regel nur, wenn sie z. B. in einem Coaching gelernt haben, sich von außen zu beobachten und die eigentlichen Triebkräfte ihres Handelns zu verstehen. Gute Führungskräfte müssen zuallererst die Führung in ihrem eigenen Leben übernehmen und ›Herren im eigenen Haus‹ ihrer Seele und Motive werden. Nur, wer eine Vision vom ›gelungenen Leben‹ in seinem Herzen trägt, kann auch wirklich führen. Denn das Wohin der Führung liegt stets außerhalb der eigenen unbewussten Anliegen und zumeist auch außerhalb des eigenen begrenzten Zeithorizonts. Führungskräfte müssen achtsam und auch unerschrocken sein. Ihr Führungsanspruch ergibt sich aus einer abschiedlichen Grundeinstellung zum Leben einerseits und einer bewussten Entscheidung zu den verbleibenden Möglichkeiten dieses Lebens andererseits << (Arnold 2014, S. VIII).*

Auf der Basis solcher Ichklärung können sich Führungskräfte zu agilen Professionals entwickeln und zu Stiftern im Sinne einer Eröffnung lebendiger Möglichkeiten des Zusammen- und Überlebens werden (s. Tafel 15).

Etüde: Bin ich ein Stifter bzw. eine Stifterin?		-	?	+
Solidarität	Ich unterstütze andere, wenn sie es brauchen – auch selbstlos. Oder: Ich nehme mir dies jetzt vor (konkretes Beispiel)!			
Talent	Ich fördere Talente, wenn es mir möglich ist. Oder: Ich nehme mir dies jetzt vor (konkretes Beispiel)!			
Initiative	Ich gehe auf andere zu und stärke ihren Glauben an sich. Oder: Ich nehme mir dies jetzt vor (konkretes Beispiel)!			
Fantasie	Ich setze meine Fantasie ein, um anderen neue Möglichkeiten zu schaffen. Oder: Ich nehme mir dies jetzt vor (konkretes Beispiel)!			
Treue	Ich halte zu denen, an die ich glaube. Oder: Ich nehme mir dies jetzt vor (konkretes Beispiel)!			
Ungewöhnliches	Ich schätze gerade das Ungewöhnliche und Unkonventionelle. Oder: Ich nehme mir dies jetzt vor (konkretes Beispiel)!			
Neugier	Ich bin neugierig auf das, was anderen gelingen kann. Oder: Ich nehme mir dies jetzt vor (konkretes Beispiel)!			
Großzügigkeit	Ich gehe großzügig mit meinen Möglichkeiten um. Oder: Ich nehme mir dies jetzt vor (konkretes Beispiel)!			

Tafel 15: Etüde »Bin ich ein Stifter?« (Arnold 2017b, S. 112)

Um zu einem wahren Stifter oder zu einer wahren Stifterin von Möglichkeiten des Lebendigen zu werden, muss man bisweilen überraschende Wege gehen, z. B. nicht zupacken und festhalten, sondern lernen loszulassen.

DER KRUG MIT NÜSSEN

Im alten Persien wollte eine Frau ihrem Mann seine Leibspeise bereiten. »Ich brauche dazu noch zwölf Nüsse«, sagte sie. »Holst du sie für mich?«

Der Mann ging zum Markt entdeckte einen Händler, der einen großen Krug mit Nüssen hatte.

»Ich brauche zwölf Nüsse«, sagte der Mann, griff in den Krug und packte eine ganze Handvoll Nüsse. Dann wollte er seine Hand aus dem Krug wieder herausziehen, doch es ging nicht. Er hing fest.

Er zog und zerrte mit aller Kraft, sein Handgelenk war immerhin schon sichtbar. Er klemmte den Krug zwischen seine Füße und versuchte, seine Hand herauszudrehen – sie kam nur wenige Millimeter voran. Der Händler hielt den Krug fest, der Mann stemmte sich dagegen, die Hand schmerzte immer mehr, aber sie hing jetzt vollständig im Hals des Kruges fest. Mittlerweile hatten sich viele Menschen versammelt, um das traurige Schauspiel zu verfolgen und zu kommentieren.

Schließlich trat ein weißhaariger Mann vor und versprach zu helfen.

»Du musst nur genau das tun, was ich dir sage.«

Der Mann mit der eingeklemmten Hand war dazu bereit.

»Als Erstes«, sagte der Weißhaarige, »musst du deinen Arm in den Krug wieder ganz hineinschieben.« – »Bist du verrückt?«, fragte der Mann. »Ich bin froh, dass ich es so weit geschafft habe.«

Der Weißhaarige blieb unbeeindruckt: »Tu, was ich dir sage.«

Widerwillig schob der Mann die Hand zurück in den Krug. »Und jetzt«, sagte der Weißhaarige, »öffne deine Hand und lass alle Nüsse fallen.« Der Mann seufzte und tat, wie ihm geheißen.

»Nun machst du deine Hand ganz schmal und ziehst sie wieder zurück«, sagte der Weißhaarige.

Und tatsächlich kam die Hand des Mannes wieder zum Vorschein. Die Hand war gerettet, aber die Nüsse waren noch im Krug. Da drehte der Weißhaarige den Krug um und ließ die Nüsse dem Mann in die Hände rollen.[24]

Die Möglichkeiten des Lebendigen können nicht bloß dort genutzt, unterstützt und gestaltet werden, wo die Voraussetzungen günstig sind. Auch kleine Schritte zählen, und es ist oftmals sehr viel wegweisender, in problematischen Kontexten Nischen einer lebendigen Entwicklung zu entdecken und zu fördern als in solchen, in denen die Rahmenbedingungen »stimmen«.

Auch in den Nischen des Lebens wächst das Lebendige, und auch dort, wo unsere Beobachtungen glauben, dass es keine Möglichkeit gäbe oder sich die Anstrengungen nicht lohnen würden, überleben Menschen, wie u. a. viele Beispiele aus der Entwicklungszusammenarbeit eindrucksvoll zeigen.

EIN BILD VOM FRIEDEN

Es war einmal ein König, der schrieb einen Preis im ganzen Land aus: Er lud alle Künstlerinnen und Künstler dazu ein, den Frieden zu malen, und das beste Bild sollte eine hohe Belohnung bekommen.

---

24 Verfügbar unter www.gappmayer-trainings.at/rg/geschichte-zum-nach-denken-der-krug-mit-nuessen [16.11.2020].

Alle Malerinnen und Maler im Land machten sich eifrig an die Arbeit und brachten dem König ihre Bilder. Von allen Bildern, die gemalt wurden, gefielen dem König zwei am besten. Zwischen denen musste er sich nun entscheiden.

Das erste war ein perfektes Abbild eines ruhigen Sees. Im See spiegelten sich die malerischen Berge, die den See umrandeten, und man konnte jede kleine Wolke im Wasser wiederfinden. Jeder, der das Bild sah, dachte sofort an den Frieden.

Das zweite Bild war ganz anders. Auch hier waren Berge zu sehen, aber diese waren zerklüftet, rau und kahl. Am düsteren grauen Himmel über den Bergen jagten sich wütende Wolkenberge und man konnte den Regen fallen sehen, den Blitz aufzucken und auch fast schon den Donner krachen hören. An einem der Berge stürzte ein tosender Wasserfall in die Tiefe, der Bäume, Geröll und kleine Tiere mit sich riss. Keiner, der dieses Bild sah, verstand, wieso es hier um Frieden gehen sollte.

Doch der König sah hinter dem Wasserfall einen winzigen Busch, der auf der zerklüfteten Felswand wuchs. In diesem kleinen Busch hatte ein Vogel sein Nest gebaut. Dort in dem wütenden Unwetter an diesem unwirtlichen Ort saß der Muttervogel auf seinem Nest – in perfektem Frieden.

Welches Bild gewann den Preis?

Der König wählte das zweite Bild und begründete das so: »Lasst Euch nicht von schönen Bildern in die Irre führen: Frieden braucht es nicht dort, wo es keine Probleme und keine Kämpfe gibt. Wirklicher Frieden bringt Hoffnung, und heißt vor allem, auch unter schwierigsten Umständen und größten Herausforderungen, ruhig und friedlich im eigenen Herzen zu bleiben.«[25]

Agilität gründet sich jedoch nicht bloß auf einer Ethik der bedingungslosen Zugewandtheit, sondern auch auf einer Ethik der kleinen Schritte. Agile Führungskräfte benötigen keine moralischen Ruckreden oder Hochglanzrhetorik; sie agieren selbst- und wertebewusst in kleinen wie in großen Fragen, eher still und entschlossen als überlegen deklamierend.

SEESTERNE RETTEN

Ein furchtbarer Sturm kam auf. Der Orkan tobte. Das Meer wurde aufgewühlt und meterhohe Wellen brachen sich ohrenbetäubend laut am Strand.

Nachdem das Unwetter langsam nachließ, klarte der Himmel wieder auf. Am Strand lagen aber Unzählige von Seesternen, die von der Brandung an den Strand geworfen waren.

25 Verfügbar unter www.engelbrecht-media.de/s_ein_bild_vom_frieden.html [3.11.2020].

Ein kleiner Junge lief am Strand entlang, nahm behutsam Seestern für Seestern in die Hand und warf sie zurück ins Meer.

Da kam ein Mann vorbei. Er ging zu dem Jungen und sagte: »Du dummer Junge! Was du da machst, ist vollkommen sinnlos. Siehst du nicht, dass der ganze Strand voll von Seesternen ist? Die kannst du nie alle zurück ins Meer werfen! Was du da tust, ändert nicht das Geringste!«

Der Junge schaute den Mann einen Moment lang an. Dann ging er zu dem nächsten Seestern, hob ihn behutsam vom Boden auf und warf ihn ins Meer. Zu dem Mann sagte er:

»Für ihn wird es etwas ändern!«

(Heß 2011, S. 204)

In den Unterschied gehen – immer und immer wieder

Diese Option markiert eine zentrale Form des Ausdrucks einer systemischen Haltung. Wer aus dieser Haltung heraus denkt, urteilt und handelt, ist darum bemüht, sich in Anbetracht einer Störung oder überraschenden Anforderung absichtsvoll und übend in den Vorstellungen, Beurteilungen und Verhaltensweisen zu bewegen, die man in seiner spontanen Alltagspraxis eher ausschließt oder weit von sich weist. Indem Führungskräfte sich gezielt mit dem auseinandersetzen, was sie normalerweise entrüstet ablehnen, ohne sich groß damit auseinanderzusetzen, werden sie innerlich flexibler bzw. agiler im Sinne einer offenen, dialogischen und kooperativen Haltung. Dabei stärken sie ihre Fähigkeit, in den Mokassins anderer einherzuschreiten und von deren Perspektive her die Lage sowie Lösungsmöglichkeiten zu durchdenken, zu spüren und handelnd zu gestalten.

Agile Führungskräfte üben sich darin, den Unterschied prinzipiell zu nutzen. Ihre Frage ist dabei: Was können wir vom Gegenteil für unser Vorgehen lernen? Wie können wir den anderen Möglichkeiten des Lebens auf die Spur kommen, ohne diese sogleich abzuwehren, zu verurteilen und uns von den Menschen zu entfernen, die die Dinge anders sehen und beurteilen? Nur, indem wir uns mit dem Unterschied vertraut machen, ziehen wir wirkliche Konsequenzen aus der vielzitierten Wittgenstein-Einsicht »Dass es mir oder allen so scheint, heißt nicht, dass es so ist« (Wittgenstein 1984) oder »Es könnte auch ganz anders sein« (Ludewig 2009). Was wir als Unterschied empfinden, ist dabei für jeden Menschen anders:

»
- *für den Ängstlichen mag der Unterschied das riskante Leben sein*
- *für den Verantwortungslosen die Bindung an eine Aufgabe*
- *für den Ungebundenen das Vertrauen auf eine feste Einbindung*
- *für die Führungskraft das Geführtwerden*
- *für den Gleichgültigen die Sorge um ein echtes Anliegen*
- *für den Gestrauchelten das Vertrauen in die eigenen Fähigkeiten*
- *für den Ungeliebten die Entdeckung seiner Liebenswürdigkeit*

etc. « *(Arnold 2017b, S. 113).*

Der Unterschied konfrontiert uns mit unseren vertrauten, aber auch festgefahrenen Mustern, die Welt zu denken, sie zu fühlen und in ihr zu handeln. Alles in uns streubt sich dagegen, uns nicht der vertrauten und angemessen erscheinenden Reaktion hinzugeben – selbst, wenn wir beobachten können oder bereits aus Erfahrung wissen, dass dadurch der Problemklumpen immer größer wird, wie folgende Geschichte zeigt:

HERKULES FINDET EINEN KLUMPEN

Eines Tages ging der starke Herkules durch eine enge Gasse. Auf dem Pflaster lag ein kleiner Klumpen, der etwa so groß war wie ein Apfel. Herkules hob ihn auf und versuchte, ihn mit einer Hand zu zerdrücken. Das gelang ihm jedoch nicht. Im Gegenteil, je mehr er auf dem Klumpen herumdrückte, desto größer wurde dieser. Nun war er schon fast auf die doppelte Größe angewachsen.

Da wurde Herkules ärgerlich. Er nahm den Klumpen zwischen beide Hände und wollte ihn zerquetschen. Der Effekt war der gleiche: Der Klumpen wurde nicht kleiner, sondern größer. Herkules warf ihn auf den Boden und drosch mit seiner Keule auf ihn ein. Doch mit jedem Keulenschlag wurde er noch ein kleines bisschen größer. Am Ende war er so groß geworden, dass er die gesamte Gasse versperrte. Herkules warf die Keule fort und war ratlos. In diesem Moment erschien die Göttin Athene und sprach: »Rühr es lieber nicht noch einmal an! Der Klumpen, auf dem du herumgeschlagen hast, ist der Streit. Wenn du ihn in Ruhe lässt, bleibt er so, wie er ist. Wenn du ihn aber bekämpfst, wird er immer größer.«

(Nöllke 2002, S. 125 f.)

Agile Führungskräfte wissen, dass Probleme größer und letztlich auch unlösbarer werden können, indem wir sie bearbeiten. Ihnen ist zudem der Sachverhalt vertraut, dass das, was uns im Außen ärgert, meist auch etwas mit unseren ungelebten, übersehenen und verdrängten oder gar dunklen Seiten zu tun haben könnte. Diese werden durch das, was uns im Außen zugemutet wird, angeschlagen und lösen in uns einen dissonanten Akkord aus, den wir dann versuchen, im Außen zu bewältigen. Es ist dieses komplexe Zusammenspiel zwischen Innen und Außen, welches agilen Führungskräften vertraut ist. Die Selbstreflexionsfrage »Was ruft mir das ärgerliche Geschehen im Außen über mich selbst in Erinnerung?« ist ihnen durchaus geläufig – selbst, wenn sie in ihrer Persönlichkeitsreifung noch nicht so weit fortgeschritten sind, dass sie sich beim Gegenüber zu bedanken vermögen (»Danke, dass du mich an diesen – in mir noch unerledigten – Punkt geführt hast!«). Immerhin wissen agile Führungskräfte, dass ihre tiefe Einwurzelung in den eingespielten Ichzuständen zwischen Nähe und Distanz, Konstanz und Veränderung ihre ganz persönliche Form einer inneren Balance ist, welche es ihnen erschwert, sich mit anders balancierten Menschen wirklich in Beziehung zu begeben. Sich auf mehr Distanz einzulassen, wenn alles in ihnen nach Nähe schreit, oder einer immer wieder angemahnten Veränderung zuzustimmen, wenn das Bedürfnis nach Konstanz und Berechenbarkeit des eigenen Weges in ihnen überstark ausgeprägt ist, fordert ihnen zwar viel ab, erweitert aber zugleich ihre eigene innere Vielfalt.

Voraussetzung für den eigenen Gang in den Unterschied ist allerdings, dass man weiß, wo man startet, d. h., dass man eine zumindest ungefähre Vorstellung davon hat, welchem Ichtypus im Koordinatensystem zwischen Nähe und Distanz einerseits und Konstanz und Veränderung andererseits man selbst innerlich zuneigt (s. Tafel 16).

Etüde: In den Unterschied gehen		++	+		-	--
Der Unnahbare (Dieser Typus meidet Veränderungen und bevorzugt das Konstante, er verharrt bevorzugt in der beobachtenden Distanz.)	Ich weiß um meine Unnahbarkeit und kenne ihre mich distanzierende und isolierende Wirkung.					
	Ich kenne das ihr zugrunde liegende Bedürfnis, Veränderungen zu vermeiden.					
	Ich suche und gestalte bewusst Momente der Nähe, des Verweilens und der Vertiefung.					
	Ich öffne mich für Abenteuer und dafür, mit meiner Vermeidung des Neuen und Ungewohnten umzugehen.					
	Ich unternehme regelmäßige Erkundungen in die Welt der wechselhaften Nähe.					
Der Unfassbare (Dieser Typus meidet die Nähe und Festlegung, er distanziert sich deshalb stets aufs Neue durch Stimmungs- oder Situationsveränderungen.)	Ich weiß, dass ich für andere schwer zu fassen bin und sie sich deshalb nur schwer auf mich beziehen können.					
	Ich kenne meine zugrundeliegende Angst, mich festzulegen und dadurch auszuliefern.					
	Ich übe mich darin, mich zu erkennen zu geben und mich zu den Menschen, die mir wichtig sind, zu bekennen.					
	Ich setze mich gezielt Kontexten aus, die mich erfassen und festlegen (Mitgliedschaften etc.).					
	Ich unternehme regelmäßige Erkundungen in die Welt der Beständigkeit und Nähe.					

Der Wechselhafte (Dieser Typus lebt Nähe in der Wechselhaftigkeit; er meidet Beständigkeit, wodurch sein Leben einem Vagabundieren gleichkommt.)	Ich weiß um meine Wechselhaftigkeit und habe verstanden, was ich mit ihr vermeiden will.					
	Ich habe meinen inneren Mechanismus, Nähe in der Veränderung zu suchen, durchschaut.					
	Ich übe mich in der Fähigkeit, Nähe und Distanz in der Beständigkeit zu erleben.					
	Ich suche häufiger vertraute Kontexte auf und lerne, in ihnen zu verweilen.					
	Ich unternehme regelmäßig Exkursionen in die Welt der Beständigkeit.					

Tafel 16: Etüde »In den Unterschied gehen« (Arnold 2017b, S. 114 f.)

Die uns unvertrauten Formen des Umgangs mit Nähe und Distanz sowie Konstanz und Veränderung, die bei uns das diffuse Gefühl »Der/die andere benimmt sich falsch« auslösen, verweisen uns jedoch nicht bloß auf die bislang ungelebten und unbekannten Formen des Menschseins, sie erinnern uns auch daran, wieso wir diese Formen ablehnen und warum wir sie dereinst aus dem Repertoire unserer möglichen Ichzustände ausgeschlossen haben. In der psychologischen Debatte im Anschluss an C. G. Jung (1875–1961) ist deshalb die Rede von den Schatten einer Person. Diese üben – gerade, weil sie permanent das zu Vermeidende ins Spiel bringen – eine ähnlich starke Kraft aus wie unser bewusstes Wollen, weshalb die Jungianerin Maja Storch davon spricht, dass »der Schatten immer mit am Ruder (steht)« (Storch 2002, S. 34). Und weil uns dieser Schatten unvertraut und unserer Selbstreflexion auch meist unzugänglich ist, bekämpfen wir ihn dann, wenn er uns begegnet, oder wir meinen, es handle sich bei dem, was das Gegenüber denkt, fühlt und tut, um etwas völlig Verkehrtes oder Unangemessenes. Dabei verwechseln wir dann zwar unser Gegenüber, indem wir sein Verhalten durch unseren eigenen Schatten verzerrt sehen – man spricht deshalb auch von Schattenprojektion –, doch können wir diesen mächtigen Bestandteil unserer eigenen Seele auf diese Weise weiterhin erfolgreich abwehren und beim Gegenüber beklagen. Maja Storch schreibt:

> »*Im Schatten und damit im Unbewussten finden sich diejenigen Persönlichkeitsanteile, die im Laufe des Heranwachsens verdrängt oder abgespalten wurden, weil sie in dem Umfeld, in dem der betreffende Mensch aufwuchs, nicht erwünscht waren. (...) Während der bewusste Teil der Persönlichkeit eines Menschen in die Schule geht und erwachsen wird, werden die nicht beachteten unbewussten Anteile immer unzivilisierter, weil sich niemand um sie kümmert. Wenn die unbewussten Anteile so einen Tiefstand erreicht haben, dass er unserem Kulturniveau nicht mehr entspricht, fangen sie an, destruktiv zu wirken. Sie verwildern wie ein Garten, der nicht gepflegt wird und dessen wild wuchernde Brombeerranken den Besucherinnen Löcher in die teuren Strümpfe reißen*« *(ebd., S. 35 u. 38).*

Diese Schattenanteile können aktiviert werden und übernehmen dann die Regie beim Zustandekommen der Eindrücke, d. h. dessen, was sich der Wahrnehmung »eindrücken« kann. Menschen verhalten sich dann plötzlich ungewohnt und unerwartet – bisweilen auch beziehungszerstörend und selbstschädigend. Meist sind es die nahen Menschen, die dabei in eine Schattenprojektion[26] geraten, d. h., sie werden in ein neues Licht gerückt und mutieren unerwartet vom respektierten Vorgesetzten oder geliebten Menschen zum Adressaten eine endlosen Liste mit Vorwürfen und Schuldzuweisungen. Einer Projektion kann man nicht entkommen, sondern bloß ausweichen.

Agile Führungskräfte sind in solchen Ausweichmanövern geübt. Sie reagieren nicht aus ihrer eigenen Betroffenheit heraus, sondern wissen um die bloß schwer zu durchschauenden Wirkungszusammenhänge der menschlichen Wahrnehmung. Gleichzeitig spielen sie sich nicht als Quasitherapeuten auf, sondern konzentrieren sich einzig und allein auf den gewandten Umgang mit Projektionen, die ja niemand – auch das projizierende Gegenüber nicht! – »bestellt« hat und die sich hinter dem Rücken der Akteure in die Bilder dessen

26 Maja Storch erklärt: »Unter Projektion versteht man in der Tiefenpsychologie einen Vorgang, bei dem eigene innere Anteile auf Personen in der Außenwelt projiziert werden, genauso wie ein Diaprojektor, der ein Dia auf eine Leinwand projiziert. Wie der Traum und die freudschen Fehlleistungen ist das Vorkommen von Projektionen ebenfalls ein Indiz sowohl für das Vorhandensein unbewusster Inhalte als auch für die Aktivität des Unbewussten. Wenn wir Schattenanteile nicht durch Selbstreflexion in uns wahrnehmen, so werden wir vom Unbewussten dazu gezwungen, uns damit in der Außenwelt auseinanderzusetzen. Um eine Auseinandersetzung kommen wir in jedem Fall nicht herum« (Storch 2002, S. 43).

einmischen, was der Fall zu sein scheint. Führungskräfte sind nicht dafür zuständig (und auch nicht darin qualifiziert), diese Verwechslungsbewegung des Gegenübers aufzudecken und dieses bei der Integration seiner Schatten gar zu unterstützen. Sie können lediglich menschlicher werden im Umgang mit solchen Verwechslungen, gegen die sie ja auch selbst nicht gefeit sind, und darauf achten, dass ihre eigenen Schatten ihnen nicht das Bild von dem, was ist, trüben. Auch für sie gilt:

> »*Zeige mir die Menschen, die dich so richtig in Rage bringen, und ich zeige dir deinen Schatten!*« (ebd., S. 44)

Dieser Ratschlag ist für viele eine Enttäuschung: Man erfährt keine Ermutigung, wie man mit den Zumutungen einer projektiven Verzerrung elegant umgehen könnte, sondern wird darauf verwiesen, den eigenen projektiven Verzerrungen nachzuspüren. Maja Storch möchte darauf hinweisen, dass auch die Verärgerung über das unangemessene, weil wahrscheinlich projektiv verzerrte Agieren eines Gegenübers bereits viel über die eigene schattenprojektive Kontaminierung auszusagen vermag. Oft nämlich ist uns selbst der Weg zur gelassenen Reaktion versperrt, und wir sind kaum in der Lage, das Verhalten unseres Gegenübers wertschätzend zu deuten und zugewandt zu interpretieren. Vielmehr stürzen wir uns selbst, ehe wir es uns versehen, in einen Kampf um die Wahrheit, mit dem man Kriege führen, aber keine friedliche Koexistenz entwickeln kann. Der Rat von Maja Storch, in solchen Lagen zunächst einmal nicht zu entscheiden und die Anspannung auszuhalten, zielt in eine andere Richtung. Dies führt zwar noch nicht unmittelbar zu einer Lösung, ist aber die Voraussetzung für eine solche. Sie empfiehlt:

> »*Um das Unbewusste zu aktivieren, von dem wir uns ja die Lösung erhoffen, müssen die Menschen sich in den schon erwähnten Introversionszustand begeben. Sie müssen ihre Aufmerksamkeit nach innen richten und die Außenwelt unwichtiger werden lassen. Nur wenn das Bewusstsein zunächst einmal schweigt und das Schweigen auch durchgehalten wird, wenn die Aufmerksamkeit sich konsequent nach innen richtet und, wenn man auch innehält, jegliche Aktivität einstellt und die Dinge geschehen lässt, können auch unbewusste Aktivitäten in Gang kommen*« (ebd., S. 112).

So weit – so gut! Konkret bedeutet dies, dass agile Führungskräfte in der Lage sind, in Anbetracht von projektiven Reaktionen ihres Gegenübers nicht unmittelbar zu regieren, sondern ihre Aufmerksamkeit selbst nach innen zu richten. Die Fragen, die sie sich dabei stellen können, sind: Was genau ist das, was mich an der Art, wie das Gegenüber mich sieht und anspricht, so stört? Was ruft mir dieses Störungsgefühl über mich selbst in Erinnerung? Könnte es sein, dass dabei in mir selbst eine alte Substanz aktiviert wird, welche mit den Intentionen des Gegenübers überhaupt nichts zu tun hat? Ist dessen Verhalten vielleicht bloß Ausdruck eines Überengagements, einer völlig anders gelagerten Motivation, die mit mir gar nichts zu tun hat? Wie wäre es, wenn ich in den Beobachtungsmodus schalte und die Dinge einfach geschehen lasse? Agile Führungskräfte können immer wieder fragen: »Wie entlasse ich dich ganz aus den Vorstellungen, die sich in mir immer wieder mit dir verbinden?«

Solche schattenanalytischen Überlegungen sind agiler Führung nicht unvertraut. Agile Führungskräfte sind sich der Tatsache bewusst, dass die inneren Bilder, die sie mit Führen und Geführtwerden verbinden, immer auch von unerledigten eigenen Reifungsthemen durchtränkt sind, die ihnen in dichten Handlungssituationen nicht selten einen Strich durch die Rechnung machen. Sie wissen, dass sie diese inneren Mechanismen im Gegenüber (bei Mitarbeiterinnen und Mitarbeitern) nicht selbst beeinflussen können, ihnen aber beständig im eigenen Ich auf der Spur bleiben sollten. Führung wird so zu einem »inner Job«.

Meditation »Ich lerne meine Schatten im Gegenüber kennen«

Frage dich stets: Was stört mich an meinem Gegenüber besonders, was werfe ich ihm vor? Was sagt mir dieser Ärger über meine eigenen Schatten, die ich (noch) nicht integriert habe und deshalb dem Gegenüber anhänge und in ihm ablehne, wodurch ich es selbst ablehne?

Rückblick:

1. Über welche Menschen/Verhaltensweisen habe ich mich in der Vergangenheit immer wieder aufgeregt? Wen lehne ich derzeit am nachdrücklichsten ab?
2. Kann ich erkennen, dass dessen Verhalten in mir selbst als verdrängte Verhaltenstendenz lauert?

3. Habe ich mich dereinst einmal ansatzweise ähnlich verhalten (wollen) oder ein solches Verhalten in meinem Nahbereich beobachtet?
4. Ich rufe mir diese Situation in Erinnerung und achte darauf, welche Gefühle in mir entstehen!

Imagination eines neuen – alternativen – Ichs:

5. Ich »begrüße« den mich aufregenden Teil in mir als einen ungeliebten und verborgenen Teil meines selbst!
6. Ich gebe dessen Bekämpfung im Außen/bei anderen auf!
7. Ich erkenne, dass ich das unerwünschte Verhalten auch zu Unrecht in das Gegenüber hineingelesen/projiziert habe.
8. Ich stelle mir ein neues Ich vor, in dem ich meine Schatten wie meine idealen Seiten ausbalanciert integriert habe!

Habitualisierung:

9. Ich spüre, wie es sich anfühlt, wenn ich das, was mich am Gegenüber aufregt, als eigenen Bestandteil (»Schatten«) in mir trage!
10. Ich spüre, wie sich die Beziehung entspannt, weil ich das zu Bekämpfende als eigene Disposition in mir trage und meine Projektion zurückgenommen habe!
11. Ich gehe entspannter, weniger aufgeregt und weniger nachtragend mit dem mich Störenden im Gegenüber um!
12. Ich bitte eine höhere Kraft, mich mit meinen Licht- und Schattenseiten wohlwollend zu umfangen!
13. Ich werde gelassener, indem ich in der Lage bin, mich und die anderen so sein zu lassen, wie sie sind!

Tafel 17: Meditation »Meine Schatten im Gegenüber« (Arnold 2019b, S. 210 f.)

Durch diese oder ähnliche Meditationen können Führungskräfte den Weg in eine nichtwissende und seinlassende Haltung für sich entdecken und auf ihm mehr und mehr ihre Gelassenheit sowie auch Zufriedenheit entwickeln.

DAS GEHEIMNIS DER ZUFRIEDENHEIT

Es kamen einmal ein paar Suchende zu einem alten Zen-Meister.

»Meister«, fragte einer von ihnen, »was tust du, um glücklich und zufrieden zu sein? Ich wäre auch gerne so glücklich wie du.«

Der Alte antwortete mit mildem Lächeln: »Wenn ich liege, dann liege ich. Wenn ich aufstehe, dann stehe ich auf. Wenn ich gehe, dann gehe ich, und wenn ich esse, dann esse ich.«

Die Fragenden schauten etwas betreten in die Runde. Einer platzte heraus: »Bitte, treibe keinen Spott mit uns. Was du sagst, tun wir auch. Wir schlafen, essen und gehen. Aber wir sind nicht glücklich. Was ist also dein Geheimnis?«

Es kam die gleiche Antwort: »Wenn ich liege, dann liege ich. Wenn ich aufstehe, dann stehe ich auf. Wenn ich gehe, dann gehe ich, und wenn ich esse, dann esse ich.«

Die Unruhe und den Unmut der Suchenden betrachtend fügte der Meister nach einer Weile hinzu: »Sicher liegt auch ihr und ihr geht auch und ihr esst. Aber während ihr liegt, denkt ihr schon ans Aufstehen. Während ihr aufsteht, überlegt ihr, wohin ihr geht, und während ihr geht, fragt ihr Euch, was ihr essen werdet. So sind eure Gedanken ständig woanders und nicht da, wo ihr gerade seid. In dem Schnittpunkt zwischen Vergangenheit und Zukunft findet das eigentliche Leben statt. Lasst euch auf diesen nicht messbaren Augenblick ganz ein und ihr habt die Chance, wirklich glücklich und zufrieden zu sein.«[27]

GLÜCK IM UNGLÜCK

Der einzige Überlebende eines Schiffsunglücks wurde an den Strand einer einsamen und unbewohnten Insel gespült. Tag für Tag hielt er Ausschau nach einem Schiff am Horizont. Nach vielen Tagen ergebnisloser Ausschau nach einem Schiff baute er sich eine kleine Hütte aus Holz.

Eines Tages kam er von einem Ausflug auf der Insel zurück und stellte fest, dass seine Hütte in Flammen stand. Er hatte alles verloren, und seine Stimmung wechselte zwischen Ärger und Verzweiflung.

Am nächsten Morgen wachte er durch das Motorgeräusch eines Bootes auf, das sich der Insel näherte. Man kam, um ihn zu retten.

»Woher wusstet ihr, dass ich hier bin?«, fragte er seine Retter.

»Wir haben Ihr Rauchsignal gesehen«, antwortete der Kapitän.[28]

---

27 Verfügbar unter www.engelbrecht-media.de/s_das_geheimnis_der_zufriedenheit.html [3.11.2020].

28 Verfügbar unter https://www.palverlag.de/weisheit-glueck-im-unglueck.html [3.11.2020].

Literatur

Adorno, R. (1966): Tabus über den Lehrberuf. Gesammelte Werke, Bd. 10.2. Frankfurt/M. (Suhrkamp), S. 656–673.

Alheit, P. (1995): »Biografizität« als Lernpotential: Konzeptionelle Überlegungen zum biografischen Ansatz in der Erwachsenenbildung. In: H.-H. Krüger u. W. Marotzki (Hrsg.): Erziehungswissenschaftliche Biografieforschung. Opladen (Leske), S. 276–307.

Arnold, R. (2005): Die emotionale Konstruktion der Wirklichkeit. Beiträge zu einer emotionspädagogischen Erwachsenenbildung. Baltmannsweiler (Schneider).

Arnold, R. (2008): Führen mit Gefühl. Eine Anleitung zum Selbstcoaching. Mit einem Methoden-ABC. Wiesbaden (Gabler).

Arnold, R. (Hrsg.) (2011): Veränderung durch Selbstveränderung. Impulse für das Changemanagement. Baltmannsweiler (Schneider).

Arnold, R. (2012): Ich lerne, also bin ich. Eine systemisch-konstruktivistische Didaktik. Heidelberg (Carl-Auer). 2., unveränd. Aufl.

Arnold, R. (2013): Systemische Erwachsenenbildung. Die transformierende Kraft begleiteten Selbstlernens. Baltmannsweiler (Schneider).

Arnold, R. (2014): Leadership by personality. Von der emotionalen zur spirituellen Führung. Wiesbaden (Springer Gabler).

Arnold, R. (2016): Wie man wird, wer man sein kann. 29 Regeln zur Persönlichkeitsbildung. Heidelberg (Carl-Auer), 2. Aufl. 2019.

Arnold, R. (2017a): Entlehrt euch! Ausbruch aus dem Vollständigkeitswahn. Bern (hep).

Arnold, R. (2017b): Es ist später, als du denkst. Perspektiven für die Restbiografie. Bern (hep).

Arnold, R. (2018a): Ach, die Fakten! Oder: Wider den Aufstand des schwachen Denkens. Heidelberg (Carl-Auer).

Arnold, R. (2018b): Das kompetente Unternehmen. Pädagogische Professionalisierung als Unternehmensstrategie. Wiesbaden (Springer).

Arnold, R. (2019a): Nichtwissende Beratung. Von der Intervention zur Übung. Baltmannsweiler (Schneider).

Arnold, R. (2019b): Seit wann haben Sie das? Grundlinien eines Emotionalen Konstruktivismus. Heidelberg (Carl-Auer), 2. Aufl.

Arnold, R. u. J. Erpenbeck (2014): Wissen ist keine Kompetenz. Dialoge zur Kompetenzreifung. Baltmannsweiler (Schneider).

Arnold, R. u. M. Schön (2019): Ermöglichungsdidaktik. Ein Lernbuch. Bern (hep).

Arnold, R. u. H. Siebert (2004): Konstruktivistische Erwachsenenbildung. Von der Deutung zur Konstruktion der Wirklichkeit. Baltmannsweiler (Schneider), 4. Aufl.

Astin, A. W., H. S. Astin a. J. A. Lindholm (2011): Cultivating the spirit. How college can enhance student's inner lives. San Francisco (Jossey-Bass).

Baecker, D. (2013): Beobachter unter sich. Eine Kulturtheorie. Frankfurt/M. (Suhrkamp).

Barthelmess, M. (2016): Die systemische Haltung. Was systemisches Arbeiten im Kern ausmacht. Göttingen (Vandenhoeck & Ruprecht).

Bateson, G. (1979): Mind and nature. A nessesary unity. New York (E. P. Dutton).

Bateson, G. (1981): Ökologie des Geistes. Anthropologische, biologische, psychologische und epistemologische Perspektiven. Frankfurt/M. (Suhrkamp).

Bauer, J. (2005): Warum fühle ich, was du fühlst? Intuitive Kommunikation und das Geheimnis der Spiegelneuronen. Stuttgart (Heyne).

Bauer, J. (2019): Wie wir werden, wer wir sind. Die Entstehung des menschlichen Selbst durch Resonanz. München (Blessing).

Beck, U. (1986): Risikogesellschaft. Auf dem Weg in eine andere Moderne. Frankfurt/M. (Suhrkamp).

Behrens, R. (2005): Der Humanismus des Absurden. Über Jean-Paul Sartre. Verfügbar unter: www.rogerbehrens.net/sartre.pdf [28.10.2020].

Bergsdorf, H. (2020): Täter als Opfer, Opfer als Täter: Die RAF. Frankfurter Allgemeine Zeitung, 11.5.2020.

Brater, M. et al. (2011): Kunst als Handeln – Handeln als Kunst. Was die Arbeitswelt und Berufsbildung von Künstlern lernen können. Bielefeld (Bertelsmann).

Braun, A. (2013): Literarischer Lebensbegleiter: Albert Camus zum 100. Geburtstag. Verfügbar unter: www.literaturcafe.de/literarischer-lebensbegleiter-albert-camus-zum-100-geburtstag [1.11.2020].

Breuer, J. u. S. Freud (1895): Studien über Hysterie. Leipzig (Franz Deuticke)

Bucay, J. (2007): Komm, ich erzähl dir eine Geschichte. Frankfurt/M. (Fischer).

Camus, A. (2004): Der Mythos des Sisyphos. Reinbek (Rowohlt), 6. Aufl.

Ciompi, L. (1997): Die emotionalen Grundlagen des Denkens: Entwurf einer fraktalen Affektlogik. Göttingen (Vandenhoeck & Ruprecht).

Dägling, E. (2008): Gehirn und AD(H)S. Kenzingen (Centaurus).

de Mello, A. (2008): Wer bringt das Pferd zum Fliegen? Freiburg (Herder).

de Montaigne, M. (1976): Essays. Frankfurt/M. (Diogenes)

de Shazer, S. (2006): Das Spiel mit Unterschieden. Wie therapeutische Lösungen lösen. Heidelberg (Carl-Auer), 5. Aufl.

Detert, P. (2008): Auf der Kippe: Wenn Ärzte, Justiz und Gesellschaft versagen – mein extremes Leben mit der Borderline-Krankheit. München (Heyne).

Dispenza, J. (2016): Schöpfer der Wirklichkeit. Der Mensch und sein Gehirn. Wunderwerk der Evolution. Burgrain (Koha), 5. Aufl.

Dispenza, J. (2017): Ein neues Ich. Wie Sie Ihre gewohnte Persönlichkeit in vier Wochen wandeln können. Burgrain (Koha), 8. Aufl.

Dörner, D. (1989): Die Logik des Misslingens. Strategisches Denken in komplexen Situationen. Frankfurt/M. (rororo).

Ehrenberg, A. (2004): Das erschöpfte Selbst. Depression und Gesellschaft in der Gegenwart. Frankfurt/M. (Campus).

Erikson, M. (1980): Identität und Lebenszyklus. Drei Aufsätze. Frankfurt/M. (Suhrkamp)

Erpenbeck, J. u. V. Heyse (2019): Einleitung: Kompetenz und Disruption. In: V. Heyse, J. Erpenbeck u. S. Ortmann (Hrsg.): Kompetenzen voll entfaltet. Praxisberichte zum Kompetenzmanagement. Münster (Waxmann), S. 11–33.

Erpenbeck, J. u. W. Sauter (2018): Wertungen, Werte – Das Buch der Grundlagen für Bildung und Organisationsentwicklung. Wiesbaden (Bertelsmann).

Frisch, M. (1976): Mein Name sei Gantenbein. Frankfurt/M. (Suhrkamp).

Frisch, M. (1987): Totenrede von Max Frisch. In: P. Noll: Diktate über Tod und Sterben. München (Piper), S. 279–284.

Frisch, M. (1991): Biografie: Ein Spiel. Neue Fassung. Frankfurt/M. (Suhrkamp), 4. Aufl.

Fuller, B. (1984): Bedienungsanleitung für das Raumschiff Erde. Dresden/Amsterdam (supposé).

Gehringer, M. (2019): Figuren der Spaltung in Kunst und Psychotherapie. In: P. Wahl (Hrsg.): Spaltung, Ambivalenz, Integration. Göttingen (Vandenhoeck & Ruprecht), S. 38–51.

Gieseke, W. (1994): Der Erwachsenenpädagoge. In: D. Lenzen (Hrsg.): Erziehungswissenschaft. Ein Grundkurs. Reinbek (Rowohlt), S. 282–213.

Giglioli, D. (2016): Die Opferfalle. Berlin (Matthes & Seitz).

Grotstein, J. S. (1985): Splitting and projective identification. New York/London (Aronson).

Habermas, J. (1968): Stichworte zu einer Theorie der Sozialisation. In: J. Habermas: Kultur und Kritik. Frankfurt/M. (Suhrkamp).

Habermas, J. (1981): Theorien des kommunikativen Handelns. Bd. 1 u. 2. Frankfurt/M. (Suhrkamp).

Hebb, D. O. (2002): The organization of behavior: a neuropsychlogical theory. Mahwah (D. O. Hebb).

Hecker, F. (2012): Management-Philosophie. Strategien für die Unternehmensführung. Grundregeln für ein erfolgreiches Management. Wiesbaden (Gabler).

Herrmann, S. (2019): Wir Guten. Nur wenige Menschen führen ein moralisch einwandfreies Leben. Dennoch gelingt es den meisten, ein Selbstbild als integre Person zu pflegen. Wie funktioniert das? Süddeutsche Zeitung, 8./9.6.2019, S. 33.

Heß, H. (2011): Erzählbar. 111 Top-Geschichten für den professionellen Einsatz in Seminar und Coaching. Bonn (managerSeminare), 3. Aufl.

Holzkamp, K. (1993): Lernen. Subjektwissenschaftliche Grundlegung. Stuttgart (Klett-Cotta).

Hüther, G. (2006): Die Macht der inneren Bilder. Göttingen (Vandenhoeck & Ruprecht).

Hüther, G. (2016): Mit Freude lernen – ein Leben lang. Göttingen (Vandenhoeck & Ruprecht).

Illeris, K. (2010): Lernen verstehen. Bedingungen für erfolgreiches Lernen. Bad Heilbrunn (Klinkhardt).

Jarvis, P. (1995): Adult and continuing education. London (Croom Helm), 2nd ed.

Jellouschek, H. (1999): »Warum hast du mir das angetan?« Untreue als Chance. Zürich (München), 3. Aufl.

Kade, J., D. Nittel u. W. Seitter (2007): Einführung in die Erwachsenenbildung. Stuttgart (Kohlhammer), 2. überarb. Aufl.

Karahasan, D. (2010): Sarajevo. Exodus of a city. Sarajevo (Kodanska America).

Kast, V. (1998): Abschied von der Opferrolle. Das eigene Leben leben. Freiburg (Herder), 3. Aufl.

Kast, V. (2007): Sich wandeln und neu entdecken. Freiburg (Herder).

Kernberg, O. F. (1978): Borderline-Störungen und pathologischer Narzissmus. Frankfurt/M. (Suhrkamp).

Kets du Vries, M. (2004): Führer, Narren und Hochstapler. Die Psychologie der Führung. Stuttgart (Klett-Cotta).

Knorr-Cetina, K. (1981): Die Fabrikation von Erkenntnis. Zur Anthropologie des Wissens. Frankfurt/M. (Suhrkamp).

Kornfield, J. (1995): Frag den Buddha und geh den Weg des Herzens. München (Kösel).

Kreismann, J. J. u. H. Strauss (2002): Ich hasse dich – verlass mich nicht. Die schwarz-weiße Welt der Borderline-Persönlichkeit. München (Kösel).

Lambrecht, K. et al. (2016): Wie das Krokodil zum Fliegen kam. 120 Geschichten, die das Leben schrieb. München/Basel (Reinhardt), 2., durchgesehene Aufl.

Langemeyer, I. (2015): Das Wissen der Achtsamkeit. Kooperative Kompetenz in Arbeitsprozessen. Münster (Waxmann).

Lasko, W. W. (1996): Dream Teams. 110 Stories für erfolgreiches Team-Coaching. Wiesbaden (Gabler).

Lasko, W. W. u. I. Seim (1999): Die WoW-Präsentation. 72 Stories und Zitate für Ihren mitreißenden Auftritt. Wiesbaden (Gabler).

Laszlo, E. (2009): Wir sind an einem Wendepunkt, der Wandel liegt vor uns. Im Dialog mit dem Systemtheoretiker und Zukunftsforscher Ervin Lazlo. In: G. von Lüpke et al. (Hrsg.): Zukunft entsteht aus Krisen. München (Riemann), S. 20–42.

LeDoux, J. (2003): Das Netz unserer Persönlichkeit. Wie unser Selbst entsteht. Düsseldorf/Zürich (dtv).

Lelord, F. (2018): Hector und die Kunst der Zuversicht. München (Piper).

Livingstone, D. (1999): Exploring the icebergs of adult learning: findings from the first Canadian survey of informal learning practices. *The Canadian Journal for the Study of Adult Education* 13 (2): 49–72.

Ludewig, K. (im Gespräch mit Günter Reich) (2009): »Es kann auch anders sein«. KONTEXT 40 (4): 387–398.

Luhmann, N. (1988): Therapeutische Systeme – Fragen an Niklas Luhmann. In: F. B. Simon (Hrsg.): Lebende Systeme. Wirklichkeitskonstruktionen in der systemischen Therapie. Berlin (Springer), S. 124–138.

Lynn, S. (1986): Das 18. Kamel oder die Welt als Erfindung. Zum Konstruktivismus Heinz von Foersters. München (Piper).

Maag, D. u. S. Gerber (2007): Borderline-Persönlichkeitsstörung. Entwicklung eines Therapiekonzeptes der körperzentrierten Psychotherapie IKP (Diplomarbeit). Zürich (Advertisement).

Mager, R. F. (1983): Lernziele und Unterricht. Weinheim/Basel (Beltz).

Mason, P. T. u. R. Kreger (2012): Schluss mit dem Eiertanz. Für Angehörige von Menschen mit Borderline. Bonn (Psychiatrie-Verlag), 7. Aufl.

Maturana, H. (1982): Erkennen: Die Organisation und Verkörperung von Wirklichkeit. Braunschweig (Vieweg).

Maturana, H. (2001): Das Erkennen des Erkennens verpflichtet. In: B. Pörksen: Abschied vom Absoluten. Gespräche zum Konstruktivismus. Heidelberg (Carl-Auer), S. 70–111.

McGerr, P. (2016): Die 9-Kuh-Frau. In: Newsletter vom Geschichten-Netzwerk. Heidelberg (Verlag in der Aue).

Mercier, P. (2006): Im Nachtzug nach Lissabon. München (btb), 17. Aufl.

Messner, H. u. K. Reusser (2000): Die berufliche Entwicklung von Lehrpersonen als lebenslanger Prozess. *Beiträge zur Lehrerbildung* 18 (2): 157–171.

Mingur Rinpoche, Y. (2007): Buddha und die Wissenschaft vom Glück. Ein tibetischer Meister zeigt, wie Meditation den Körper und das Bewusstsein verändert. München (Goldmann).

Mutius, B. von (2017): Disruptive thinking. Das Denken, das der Zukunft gewachsen ist. Offenbach (GABAL).

Nelson, P. (1977): There's a hole in my sidewalk. The romance of self-discovery. Los Angeles (Portia Nelson).

Nöllke, M. (2002): Anekdoten – Geschichten – Metaphern für Führungskräfte. Planegg (Haufe).

Osho (2008): BewusstSein. Beobachte, ohne zu urteilen. Berlin (Allegria), 2. Aufl.

Osmetz, D., H. A. Wüthrich u. S. Kaduk (2006): Musterbrecher. Führung neu leben. Wiesbaden (Murmann).

Patsch, I. (2011): Die Logik des Herzens. Vertrauen in das Leben gewinnen. Innsbruck (Tyrolia).

Peseschkian, N. (1979): Der Kaufmann und der Papagei. Frankfurt/M. (Fischer).

Piaget, J. (1981): Jean Piaget über Jean Piaget. Sein Werk aus seiner Sicht. München (Kindler).

Pörksen, B. (2008): Die Gewissheit der Ungewissheit. Gespräche zum Konstruktivismus. Heidelberg (Carl-Auer), 2. Aufl.

Pörnbacher, U. (1999): Ambivalenzen der Moderne. Chancen und Risiken der Identitätsarbeit von Jugendlichen. Frankfurt/M. (Leske & Budrich).

Rauner, F., D. Piening u. Z. Yingyi (2020): Die Stagnation der Kompetenzentwicklung und wie sie überwunden werden kann. Baltmannsweiler (Schneider).

Reftel, K. (2015): »Ich habe nach dir gewonnen«. Weisheits-Geschichten für einen anderen Blick auf das Leben. München (Goldmann), 8. Aufl.

Reichart, T. (o. J.): Spiegelneuronen und Plastizität des Gehirns. Verfügbar unter: www.reichart.biz/uploads/media/Spiegelneuronen.pdf [17.11.2020].

Retzlaff, R. (2013): Einführung in die systemische Therapie mit Kindern und Jugendlichen. Heidelberg (Carl-Auer).

Rohs, M. (Hrsg.) (2016): Handbuch Informelles Lernen. Wiesbaden (Springer).

Rolfe, M. (2019): Positive Psychologie und organisationale Resilienz. Stürmische Zeiten besser nutzen. Berlin (Springer).

Rosa, H. (2016): Resonanz. Eine Soziologie der Weltbeziehung. Berlin (Suhrkamp).

Rosa, H. (2019): Unverfügbarkeit. Wien/Salzburg (Residenz).

Roth, G. (2001): Fühlen, Denken, Handeln. Wie das Gehirn unser Verhalten steuert. Frankfurt/M. (Suhrkamp).

Roth, G. (2007): Persönlichkeit, Entscheidung und Verhalten. Warum es so schwierig ist, sich und andere zu ändern. Stuttgart (Klett-Cotta).

Roth, G. (2011): Bildung braucht Persönlichkeit. Wie lernen gelingt. Stuttgart (Klett-Cotta).

Ryan, W. (1971): Blaming the victim. New York (Vintage).

Schäffter, O. (2001): Weiterbildung in der Transformationsgesellschaft. Zur Grundlegung einer Theorie der Institutionalisierung. Baltmannsweiler (Schneider).

Scharmer, C. O. (2009a): Theorie U. Von der Zukunft her führen. Presencing als soziale Technik. Heidelberg (Carl-Auer).

Scharmer, C. O. (2009b): Theory U. Leading from the future as it emerges. San Francisco (Berrett-Koehler).

Schein, E. (2017): Humble Consulting. Die Kunst des vorurteilslosen Beratens. Heidelberg (Carl-Auer).

Schlippe, A. von u. J. Schweitzer (2009): Systemische Interventionen. Göttingen (Vandenhoeck & Ruprecht).

Senge, P. et al. (2005): Presence. Exploring profound change in people, organizations and society. London (Nicholas Brealy).

Senge, P. et al. (2008): The necessary revolution. How individuals and organizations are working together to create a sustainable world. New York (unabridged).

Sennett, R. (1998): Der flexible Mensch. Die Kultur des neuen Kapitalismus. Berlin (Siedler).

Siebach, M. (2016): Postmoderner Wandel und Identitätsarbeit. Eine Bildungsherausforderung für den Sachunterricht. Verfügbar unter: http://www.widerstreit-sachunterricht.de/ebenel/superworte/subildung/siebach.pdf [17.11.2020].

Siebert, H. (2014): Erwachsene – lernfähig aber unbelehrbar? Was der Konstruktivismus für die Politische Bildung leistet. Schwalbach (Wochenschau).

Siebert, H. (2016): Selbsteinschließende Reflexion als pädagogische Kompetenz. In: R. Arnold (Hrsg.): Veränderung durch Selbstveränderung. Impulse für das Changemanagement. Baltmannsweiler (Schneider), 2., unveränd. Aufl.

Siilasmaa, R. (2018): Transforming Nokia. The power of paranoid optimism to lead through colossal change. New York (McGraw-Hill Education).

Sloterdijk, P. (2009): Du musst dein Leben ändern. Über Anthropotechnik. Frankfurt/M. (Suhrkamp).

Sloterdijk, P. (2016): Was geschah im 20. Jahrhundert? Frankfurt/M. (Suhrkamp).

Sloterdijk, P. (2019): Nicht gerettet. Versuche nach Heidegger. Frankfurt/M. (Suhrkamp).

Snyder, B. (ed.) (2010): Coping with seven disruptive personality types in the classroom. Verfügbar unter: www.teachingprofessor.com/topics/classroom-climate/classroom-management/coping-with-seven-disruptive-personality-types-in-the-classroom [17.11.2020].

Spitzer, M. (2007): Lernen. Gehirnforschung und die Schule des Lebens. München (Spektrum).

Steinbach, G. (2016a): Arbeiten mit Geschichten. 50 Geschichten mit Gesprächsleitfaden und praktischen Ideen. Augsburg (Ziel).

Steinbach, G. (2016b): Die Kunst des Möglichen. In: Newsletter vom Geschichten-Netzwerk. Heidelberg (Verlag in der Aue).

Stierlin, H. (1994): Individuation und Familie. Studien zur Theorie und therapeutischen Praxis. Frankfurt/M. (Suhrkamp).

Stierlin, H. (2010): Sinnsuche im Wandel. Herausforderungen für die Psychotherapie. Eine persönliche Bilanz. Heidelberg (Carl-Auer).

Storch, M. (2002): Die Sehnsucht der starken Frau nach dem starken Mann. München (Goldmann).

Szabó, P. (2009): Eine Theorie der Theorielosigkeit – lösungsorientierte Annahmen im Coaching. In: B. Birgmeier (Hrsg.): Coachingwissen – Denn sie wissen nicht, was sie tun? Wiesbaden (Springer).

Tietgens, H. (1992): Reflexionen zur Erwachsenendidaktik. Bad Heilbrunn (Klinkhardt).

Tolstoi, L. (2017): Hadschi Murat [E-Book]. Prag (e-artnow).

Trenkle, B. (1995): Das Ha-Handbuch der Psychotherapie. Witze – ganz im Ernst. Heidelberg (Carl-Auer), 2. Aufl.

Trenkle, B. (2000): Das Ha-Handbuch der Psychotherapie, Bd. 2. Heidelberg (Carl-Auer), 4. Aufl. 2010.

Varela, F., E. Thompson u. E. Rosch (1992): Der Mittlere Weg der Erkenntnis. Der Brückenschlag zwischen wissenschaftlicher Theorie und menschlicher Erfahrung. Bern (Haupt).

Varga von Kibéd, M. (2008): Vorwort. In: S. de Shazer u. Y. Dolan (Hrsg.): Lösungsfokussierte Kurztherapie. Heidelberg (Carl-Auer), S. 9–16.

Vietta, S. (2015): »Etwas rast um den Erdball ...« Martin Heidegger: Ambivalente Existenz und Globalisierungskritik. Paderborn (Wilhelm Fink).

Vogd, W. (2014): Welten ohne Grund. Buddhismus, Sinn und Konstruktion. Heidelberg (Carl-Auer).

Wahl, P. (Hrsg.) (2019): Spaltung, Ambivalenz, Integration. Göttingen (Vandenhoeck & Ruprecht).

Watzlawick, P. (1988): Münchhausens Zopf oder Psychotherapie und »Wirklichkeit«. Bern (Huber).

Watzlawick, P. (2009): Anleitung zum Unglücklichsein. München (Piper), 15. Aufl.

Watzlawick, P., J. H. Beavin u. D. D. Jackson (2011): Menschliche Kommunikation. Bern (Huber), 12., unveränd. Aufl.

Willke, H. (1987): Strategien der Intervention in autonome Systeme. In: D. Baecker et al. (Hrsg.): Theorie als Passion. Frankfurt/M. (Suhrkamp), S. 333–361.

Wittgenstein, L. (1984): Über Gewissheit. Werkausgabe, Bd. 8: Bemerkungen über die Farben. Über Gewissheit. Zettel. Vermischte Bemerkungen. Frankfurt/M. (Suhrkamp).

Yalom, I. D. (2008): Und Nietzsche weinte. München (btb).

Zanarini, M. et al. (2003): The longitudinal course of borderline psychopathology. 6-year prospective follow-up of the phenomenology of borderline personality disorder. *American Journal of Psychiatry* 160 (2): 274–283.

Über den Autor

Univ.-Prof. Dr. Dr. h. c. ROLF ARNOLD vertrat von 1989–2019 das Fachgebiet Pädagogik (insbesondere Berufs- und Erwachsenenpädagogik) an der Technischen Universität Kaiserslautern. Nach mehrjähriger Führungsfunktion in einer internationalen Organisation leitete Arnold ab 1992 den Aufbau des heutigen »Distance and Independent Studies Center« (DISC) an der TU Kaiserslautern zu einer der größten akademischen Fernstudieneinrichtungen in Deutschland, dem er bis 2019 als Wissenschaftlicher Direktor vorstand. Seit 2019 ist er Seniorprofessor an der TU Kaiserslautern sowie seit 2002 Sprecher des Virtuellen Campus Rheinland-Pfalz (VCRP). Außerdem ist er u. a. der fachliche Leiter des Masterprogramms »Systemische Beratung« (mit F. B. Simon).

Arnold ist auch als systemischer Coach und Veränderungsforscher national und international engagiert. Seine Schwerpunkte sind die Persönlichkeitsentwicklung von Lehr- und Führungskräften sowie die didaktische Organisationsberatung großer Bildungsprovider. Er verbindet seine Erkenntnisse und Anregungen des Emotionalen Konstruktivismus mit den hirnphysiologischen Veränderungskonzepten. In seiner eigenen Praxis als Begleiter in persönlichen und organisationalen Veränderungsprozessen setzt er auf Übung statt auf Intervention.

systhemia
Institut für Kommunikation und Führung

Konzeption

Nachhaltige Problemlösungen – so eine der zentralen systemischen Einsichten für die Arbeit von systhemia – können nicht durch „Interventionen" allein, sondern nur durch die Anknüpfung an die Wirklichkeitsbilder der Akteure und deren wertschätzende Weiterentwicklung erreicht werden.

Aus diesem Grunde ist für uns „Personalentwicklung" immer auch „Persönlichkeitsentwicklung". Die Menschen müssen heute überall auf der Welt nicht nur über fachliches Know-how, sondern auch über methodische und sozial-emotionale Kompetenzen sowie Selbstlernkompetenzen verfügen, da wir die Probleme von morgen nicht mit den Kompetenzen von gestern werden lösen können.

Angebote

- **Training und Coaching von Führungskräften**
  Wir kennen aus jahrelanger eigener Führungserfahrung sowie aus unserer Arbeit mit Führungskräften die Probleme und Fragen ihrer täglichen Praxis. Probleme haben häufig auch etwas mit der „Sicht der Dinge" zu tun. Deshalb arbeiten wir gezielt erfahrungs- sowie situations- und kompetenzorientiert auf der Basis abgestimmter Anforderungsprofile.

- **Didaktische Organisationsbegleitung größerer Bildungsprovider**
  Wir unterstützen und begleiten Bildungsorganisationen bei der Entwicklung nachhaltigerer Lernkulturen.

- **Weiterbildung von Trainer:innen zu Systemischen Lernbegleiter:innen**
  Wir trainieren Trainerteams in der Handhabung didaktischer Formen und methodischer Techniken eines angeleiteten Selbstlernens.

- **Begleitung von Schulen und anderen Bildungseinrichtungen bei ihrer Entwicklung**
  Wir begleiten Schulentwicklungsprozesse. Dabei sichern wir die Logik des Projektmanagements, indem wir die notwendigen Schritte einleiten, Steuerungs- und Arbeitsgruppen begleiten sowie Datenerhebungen durchführen. Ein Hauptaugenmerk liegt dabei auf der Förderung der Unterrichtskultur durch lebendigere Lehr-Lern-Verfahren.

Rolf Arnold

Wie man führt, ohne zu dominieren

29 Regeln für ein kluges Leadership

158 Seiten, Kt, 4. Aufl. 2019
ISBN 978-3-89670-833-5

Ob im Beruf, im Ehrenamt oder sonstwo – beim Versuch, Menschen zu „führen“, kann man schnell an Grenzen stoßen – an die eigenen und die der anderen. Wie überwindet man sie? Wie kann man Führung beanspruchen und dabei seine Ziele in der Kooperation mit anderen umsetzen?

Kluge Führung fördert Kontexte, sie gestaltet Beziehungen und schafft „Spirit“, indem sie die Eigendynamik von Gruppen, Teams oder Organisationen stärkt. Klug Führende greifen nur selten zu Machtworten oder gar Machtmitteln, auch wenn sie diese kennen und zu handhaben wissen. Kluge Führung ist (und bleibt) riskant, denn wer nach ihr handelt, bewegt sich nicht in einer Welt der Wenn-dann-Gewissheiten. Rolf Arnold stellt das Handwerkszeug für eine wirksame Gestaltung „typischer“ Führungsanforderungen in dieser Welt bereit. Er stützt sich zum einen auf aktuelle Erkenntnisse aus der Führungsforschung, und zum anderen auf seine umfangreiche Praxiserfahrung, die er während fast dreier Jahrzehnte in unterschiedlichen Führungsfunktionen sowie als Berater und Supervisor von Unternehmen und Organisationen weltweit gesammelt hat.

Der Autor erwartet von seinen Lesern, die 29 Regeln nicht als Rezepte zu verstehen, sondern als Aufforderung zur Selbstreflexion. So ist die letzte der 29 Regeln zugleich bezeichnend für einen klugen Führungsstil: Misstrauen Sie Regeln und erforschen Sie Ihre eigene Regelhaftigkeit!

Carl-Auer Verlag • www.carl-auer.de

Rolf Arnold

Ach, die Fakten!

Wider den Aufstand des schwachen Denkens

178 Seiten, Gb/SU, 2018
ISBN 978-3-8497-0226-7

„Fake News", „postfaktisches Zeitalter", „Lügenpresse", „Verschwörungstheorie" sind nur einige der Kampfbegriffe aus den inszenierten Redekämpfen in Talkshows und anderen öffentlichen Auseinandersetzungen. Wie wenig mit ihnen gesagt ist und welche Folgen das dahinterliegende „schwache Denken" hat, entlarvt Rolf Arnold in wünschenswerter Deutlichkeit.

Das Bedürfnis, „Experten" zu folgen, wird durchaus ernst genommen –, die Gefahren, die daraus entstehen, aber genauso schonungslos reflektiert. Der Unsicherheit und der Suche nach Orientierung und Hilfe von Menschen oder Institutionen, die es „wissen müssen", setzt Rolf Arnold sog. metafaktische Kompetenzen entgegen. In 10 Schritten entwickelt er Maßnahmen zur Vermeidung schwachen Denkens bei sich selbst und stellt Kriterien für den verantwortungsvollen Umgang mit der Wirklichkeit vor: Beteiligung, Selbstdistanz, Zirkularität, Reflexivität, Kontemplation sind einige davon. Gestützt auf seinen umfassenden Überblick über geistesgeschichtliche, wissenschaftliche und politische Entwicklungen gibt Rolf Arnold Handlungsvorschläge dafür, sich – ganz im Sinne klassischer Aufklärung – seines eigenen Verstandes zu bedienen.

Ein notwendiges Buch zur rechten Zeit!

Carl-Auer Verlag • www.carl-auer.de